典型乡镇工业集聚区规划环境影响评价研究

DIANXING XIANGZHEN
GONGYE JIJUQU GUIHUA
HUANJING YINGXIANG PINGJIA YANJIU

张洪玲　苏 敬　蒋 欣◎著

河海大学出版社
HOHAI UNIVERSITY PRESS
·南京·

图书在版编目(CIP)数据

典型乡镇工业集聚区规划环境影响评价研究 / 张洪玲，苏敬，蒋欣著. — 南京：河海大学出版社，2022.11

ISBN 978-7-5630-7766-3

Ⅰ. ①典… Ⅱ. ①张… ②苏… ③蒋… Ⅲ. ①乡镇—工业园区—区域规划—环境生态评价—研究 Ⅳ. ①X826

中国版本图书馆 CIP 数据核字(2022)第 211612 号

书　　名/典型乡镇工业集聚区规划环境影响评价研究
书　　号/ISBN 978-7-5630-7766-3
责任编辑/卢蓓蓓
特约审稿/韩　玮
特约校对/沈家明
责任校对/周　贤
封面设计/徐娟娟
出版发行/河海大学出版社
地　　址/南京市西康路 1 号(邮编:210098)
电　　话/(025)83737852(总编室)　(025)83722833(营销部)
经　　销/江苏省新华发行集团有限公司
排　　版/南京月叶图文制作有限公司
印　　刷/苏州古得堡数码印刷有限公司
开　　本/787 毫米×1092 毫米　1/16
印　　张/9.5
字　　数/144 千字
版　　次/2022 年 11 月第 1 版　2022 年 11 月第 1 次印刷
定　　价/68.00 元

前　言

产业园区是我国经济发展的重要引擎，为地方经济做出了重大贡献，同时产业园区也是防治环境污染和防范环境风险的重点区域，是深化环评“放管服”改革的重要载体。多年来，为规范和减轻产业园区污染物排放，国家出台了多项法律、法规和管理制度，规划环境影响评价制度就是其中之一。在各种类型的产业园区中，乡镇工业集聚区有其自身的特点，主要是数量多、层级低、配套管理薄弱，当前的环境影响评价制度、生态工业园管理制度、“三线一单”制度、排污许可制度等环境管理制度在省级以上中大型产业园区能够得到较好地执行，具有一定适用性，也取得了不错的管理效果。但对于以乡镇工业集聚区为代表的小型工业园区，如何在环境管理实践中结合其自身特点，更好地执行以上管理制度，并取得预期的管理效果，是当前亟需解决的问题。

本书以苏北某乡镇工业集聚区为典型，参照相关技术导则，针对乡镇小型工业集聚区发展特点和污染特征，探讨此类工业园区发展规划环境影响评价应关注的重点问题和应对措施。评价以“绿水青山就是金山银山”的重要理念指导开展工作，为促进区域发展，加快生态文明建设步伐、实现全面建成小康社会宏伟目标、促进绿色发展战略提供重要依据。本书在梳理园区开发历程、开展环境现状调查的基础上，分析了“乡镇工业集聚区发展规划”与相关规划的协调性，识别了园区规划实施的主要资源环境制约因素，构建了评价指标体系，确定了规划期的目标指标，预测了规划实施对水环境、大气环境、生态环境等方面的影响，开展了环境影响分析评价等工作，论证了规划方案的环境合理性，提出了规划内容的优化调整建议和环境影响减缓措施，制定了园区“三线一单”制度。

本书主要内容包括园区规划分析、环境质量与污染防治回顾性评价、评价指标体系构建、环境现状问题与制约因素分析、环境影响减缓措施与协同降碳、三线一单构建等。全书针对典型乡镇工业集中区的发展特点和污染特征，以产业园区规划环评导则为参照，理论与实践相结合，内容翔实，层次清晰，具有较强的实用性和操作性，可为我国典型乡镇工业园区规划环境影响评价工作提供很好的参考和示范作用。

目 录

1

产业园区规划环境影响评价

产业园区：指经各级人民政府依法批准设立，具有统一管理机构及产业集群特征的特定规划区域。主要目的是引导产业集中布局、集聚发展，优化配置各种生产要素，并配套建设公共基础设施。

产业园区规划环境影响评价：根据1995年施行的《开发区规划管理办法》（以下简称《管理办法》），产业园区规划可视为城市规划在某个区域的细化，因此可纳入城市规划体系。依据《中华人民共和国环境评价法》（以下简称《环评法》）的配套文件——《关于印发〈编制环境影响报告书的规划的具体范围（试行）〉和〈编制环境影响篇章或说明的规划的具体范围（试行）〉的通知》（环发〔2004〕98号），“一地三域十专项”中的“城市建设专项规划”不包含产业园区规划。尽管《中华人民共和国循环经济促进法》规定“新建和改造各类产业园区应当依法进行环境影响评价”，《中华人民共和国大气污染防治法（2015修订）》规定“编制可能对国家大气污染防治重点区域的大气环境造成严重污染的有关工业园区、开发区、区域产业和发展等规划，应当依法进行环境影响评价”，但其所依据的“法”并不明确。为推进产业园区规划环评工作，国家层面相继发布了《关于进一步做好规划环境影响评价工作的通知》（环办〔2006〕109号）、《关于加强产业园区规划环境影响评价有关工作的通知》（环发〔2011〕14号）、《关于进一步加强产业园区规划环境影响评价工作的意见》（环环评〔2020〕65号）等文件，进一步明确了开展园区规划环评的相关要求。

产业园区规划环境影响评价技术导则：目前，产业园区规划环境影响评价主要在以下导则文件的指导下开展——《规划环境影响评价技术导则 总纲》（HJ 130—

2019)、《规划环境影响评价技术导则 产业园区》(HJ 131—2021)。

《规划环境影响评价技术导则 总纲》(HJ 130—2019)为规范和指导规划环境影响评价工作,从决策源头预防环境污染和生态破坏,促进经济、社会和环境的全面协调可持续发展制定。导则规定了规划环境影响评价的一般性原则、工作程序、内容、方法和要求。适用于国务院有关部门、设区的市级以上地方人民政府及其有关部门组织编制土地利用的有关规划,区域、流域、海域的建设、开发利用规划,以及工业、农业、畜牧业、林业、能源、水利、交通、城市建设、旅游、自然资源开发的有关专项规划的环境影响评价。其他规划的环境影响评价可参照执行。

为贯彻《中华人民共和国环境保护法》《中华人民共和国环境影响评价法》《规划环境影响评价条例》等法律法规,指导产业园区规划环境影响评价工作制定。《规划环境影响评价技术导则 产业园区》(HJ 131—2021)规定了产业园区规划环境影响评价的基本任务、重点内容、工作程序、主要方法和要求。是对原《开发区区域环境影响评价技术导则》(HJ /T131—2003)的第一次修订。导则规定了产业园区规划环境影响评价的基本任务、重点内容、工作程序、主要方法和要求。适用于国务院及省、自治区、直辖市人民政府批准设立的各类产业园区规划环境影响评价,其他类型园区可参照执行。

我国产业园区规划环境影响评价开展情况:根据《中国开发区审核公告名录》(2018 年版)和中国开发区网站(https://www.cadz.org.cn/),到 2020 年底,我国有国家级经济技术开发区、高新技术产业开发区、海关特殊监管区、边境/跨境合作区及其他园区近 600 个,省级产业园区约 2 000 个。2013—2020 年,近 25%的国家级产业园区的规划环评报生态环境部审查;93%的省级产业园区的规划环评报省级生态环境主管部门审查。如果考虑其间部分产业园区开展了两轮或多轮规划环评,或某些涉及多个片区的园区开展了多个规划环评,园区规划环评执行率则更低。在各级生态环境保护督察或检查中,一些产业园区被要求开展或重新开展规划环评。

“十三五”期间,国家和地方针对产业园区、矿产资源、煤炭矿区、流域等重点领域规划环评开展了相关研究,发布了一系列政策文件和技术规范,有力推动了规划环评进展。集中开展了长江经济带 200 多家产业园区规划环境影响跟踪评价，陆续开展了产业园区、港口、新区、流域、矿区 5 个重要领域规划环境影响核查，试点开展了产业园区清单式管理，推动开展了重点领域规划环评会商及规划环评与项目环评联动，并通过强化规划环评技术复核等工作，提升规划环评质量。规划环评主动服务于国家和区域重大战略决策，发挥了重大作用。“十四五”期间，国家将以产业园区、重点行业等领域规划环评为重点，推动产业结构升级；以交通类规划环评为重点，推动运输结构调整；以煤电基地、油气等领域环评为重点，推动能源结构优化。深化规划环评与项目环评联动，扎实推进规划环评落地。

2

乡镇工业集聚区规划环境影响评价

乡镇工业集聚区是乡镇级政府为发展地方农村社会经济，由政府主导，采取行政或市场的手段，将各种生产要素集聚起来，并为之提供生产、生活配套服务与管理的工业制造生产区域。事实上，我国乡镇工业企业发展由来已久。早在改革开放之初兴起的农村集体经济，如村办企业、乡办企业、农民合作社等就是乡镇企业典型的形式。但彼时乡镇企业的发展处于布局相对松散、管理各自为政的状态，企业规模小、技术含量低、发展粗放无序的现象尤为突出。所以，乡镇工业园、乡镇工业集聚区顺应了时代的需求，把过去分散无序的乡镇企业通过园区集中起来，以此发挥产业的集聚效应，实现企业的规模效益。

目前，乡镇工业集聚区作为乡镇经济发展的有机载体，还具有良好的辐射、示范和带动功能，已然成为中国乡镇经济发展的主要阵地和重要的推动力，是开展招商引资的平台、推动项目建设的重要载体。乡镇工业集中区的规划建设已成为农村经济发展的引擎、推进乡村振兴和共同富裕的重要手段。

例如，江苏省连云港市计划到2025年打造一批工业发展成效明显、配套设施齐全、管理科学规范的乡镇工业集中区，培育一批市级以上小微企业双创示范基地，乡镇工业集中区项目投入逐年增加，成为壮大特色产业、培育规模企业、促进富民增收的重要阵地。针对工业集中区的问题，要求各县区对照《乡镇工业集中区认定办法（试行）》科学制定整体规划，对发展优势体现不明显、布局不合理的集中区进行优化整合。各乡镇工业集中区根据区域特色进一步明晰产业定位和做好产业提升规划，集中发展1至2个特色产业，编制集中区发展规划，对乡镇工业集中区进行认定。

要求发展规划要适应主导产业的发展特点和需求，做到配套齐全、绿色安全、滚动发展。推动用地、用能、排放等资源要素向集中区内投资强度高、亩均产出高、亩均税收高、本地就业高的“四高”项目倾斜。强化公共设施配套，抓紧开展工业集中区小型水利、垃圾污水处理、公共卫生、冷链物流等设施建设，将环保、安全等公共设施健全程度作为工业集中区存续的必要条件。

部分发达地区尽管乡镇工业集聚区在带动县域经济发展、实现乡村振兴方面取得了一系列的成效，但是也存在诸多问题。例如存在系统性规划缺失、产业集群程度不深、产出效率低下、环境破坏、产城融合缓慢、管理体制缺乏创新等问题，造成了大部分工业集中区存在建设标准不高、产业层次不高、经济效益不高等现象。在强化县域经济发展、助力乡村振兴的当下，需进行新一轮的转型升级。在国内，不乏通过对传统乡镇工业园转型升级实现再次繁荣的案例。如广东省佛山市在2014—2020年就出台一系列政策，对区内镇、村级工业园区进行“三旧”改造，取得良好成效，逐渐形成了六种园区改造模式。

工业企业的建设伴随着资源的开发，乡镇工业集聚区的发展模式和环境监管研究很有意义。刘成刚通过研究发现乡镇工业园区的发展一般都是建设先于规划，阻碍了园区的持续性发展；朱爱娟发现欠发达地区的乡镇工业园区的基础设施、发展机制和融资问题是制约园区发展的主要原因；有人提出要通过产业、企业、管理三方面的转型来引领县域工业园区的转型升级；有人专门探讨了小城镇工业园区的发展模式问题，认为培育产业集群非常重要；还有学者从废水处理的角度研究了工业园区的发展，发现采用“前絮凝沉淀 + 环境治理微生物 A/O + 后絮凝沉淀 + 四相催化氧化 + 活性焦吸附”组合工艺处理园区污水可以达到国家相关标准；也有学者根据研究探索出了一种县域工业集中区节能减排精准化管理的新模式。

本研究调查了苏北三市的乡镇工业集聚区，发现在开发建设过程中存在的规划及环境问题有：

（1）规划论证不严谨，园区选址不科学。一是一些乡镇工业集聚区在选址规划上缺乏充分的科学的环境影响评价论证，将工业园区设在乡镇主要河流的周边。而通常这些水体是乡镇居民饮用水的水源，一旦有企业偷偷将未经处理的废水排放至水域，就会威胁饮用水安全。二是在园区的产业布局上，一些工业园区在建设之初并没有进行事先的规划。所以，在招商引资时，不论企业是什么性质、什么行业，只要是愿意入园的就可以通过申请。这样一来，园区企业就难以形成产业集群效应，降能耗、降成本的目标也就难以实现。

(2) 有关管理制度及法规建设不完善且相对滞后。80%乡镇工业区的管理单位均为政府部门或隶属于政府的事业单位，20%为服务公司。多数乡镇工业园在建立初期，由于经验不足，都没有建立较为完善的管理制度和法规，导致后续园区发展过程中一旦出现某些问题想要解决时，却发现“无制可依”“无法可依”。虽然大多数工业园区在企业入园审批制度、企业入园准入标准、企业排放监管制度等方面出台了相关规定，但依然还不够完善，尤其是在企业强制退出制度上的建设相对滞后。

(3) 主导产业选择过多。1 个乡镇工业集聚区一般以 1～2 个工业产业为主导产业，其他工业主要是配套、辅助产业。但是将近一半的园区主导产业分别为 3 个和 4 个，这不利于园区资源集中，与同类企业相比难以形成竞争优势。与周边园区企业重合度高，不能形成互补和产业链。

(4) 对资源集约节约利用的认识不够。一方面，一些乡镇级政府在招商引资时，对资源能源消耗的约束明显缺乏足够的认识，所以对于申请入园的企业项目环评要求不严，使得一些高能耗、高排放、高污染的企业得以轻松入园，为后面的环境污染埋下隐患。另一方面，园区内的企业对“低碳”发展的认识也明显存在偏差。因为这些企业规模普遍偏小，所以它们不愿意花费更多的成本进行污染物的处理。还有一些企业认为其规模小排放的污染物也少，不至于对环境造成破坏。但由于是工业集聚区，如若园区内所有企业的排放物都不经处理达标后再排放，那么累积在一起对环境所造成的破坏是不可估量的。

(5) 生产制造技术和工艺流程相对落后。乡镇工业集聚区内的许多企业，大多在城市产业升级过程中，以产业转移的形式进入到园区，它们本身的生产制造技术和工艺流程就是相对落后的。这种落后的生产技术和工艺流程，带来的能耗、排放及污染也是相对较高的。而受制于技术革新的成本因素,极少有企业愿意投入大量资本进行技术和工艺创新。

(6) 环境基础设施建设不足。在调查中发现,有一部分园区内企业没有按照达标排放的要求进行污染物处理设施和环境风险防范设施的建设,即使有些企业按要求建设了,也经常因为成本原因而擅自停用。此外少数园区污水处理尚无计划或计划时间太长。

(7) 难以实现集中供气供热。目前没有一个工业园区实现集中供气和集中供热。并且计划集中供气的园区只有30%,这距离国家通过集中供气供热提高能源利用效率的要求还相去甚远。

综上,乡镇工业集聚区的发展为农村经济做出重大贡献,也解决了一定的就业问题。但也存在着如设置不规范、产业关联度低、产业配套薄弱以及基础设施建设滞后等问题,制约经济发展和环境质量的改善。而园区开发建设时采用科学、严谨、客观的规划环境影响评价能够为后期规划实施、园区建设提供技术支撑,避免和减缓对环境的不利影响。

虽然乡镇工业集聚区与国家级、省级开发区在规模、产业定位、资源能源利用、污染物排放和环境管理等各方面存在较大差别,但目前的规划环境影响评价工作仍然参照前文所述《规划环境影响评价技术导则 总纲》(HJ 130—2019)、《规划环境影响评价技术导则 产业园区》(HJ 131—2021)两个技术导则。这需要在规划环境影响评价中有一定侧重,如产业引进分析和污染物达标情况,不能过分注重产业经济总量,而要考虑规划环评及其要求(譬如负面清单严格执行等),在评价指标体系的构建中着重考虑数据的可靠性和指标的代表性,在“三线一单”的制定中考虑产业引入的不确定性,等等。而且,在当前“双碳”和绿色发展的要求下,各地方政府也应探索一条适合自身的乡镇工业集聚区绿色发展模式。

3

研究区基本情况和规划环评任务由来

3.1 研究区基本情况介绍

研究区位于苏北某地级市辖区东部，辖区与徐州、淮安、连云港三市毗邻，处于沿海经济带、沿江经济带和陇海经济带的交叉辐射区，位于苏鲁豫皖淮海经济区的中心。依托便利的对外交通和区位发展优势，经过多年的开发建设，研究区所在乡镇已形成了以农副产品加工为主体的企业群，辅以纺织服装、机械加工等企业，形成了一定的规模和产业聚集性。2016 年，为响应辖区"推动镇村建设，打造特色产业园"发展要求，乡镇成立该工业聚集区，旨在利用自身平台找准定位形成特色，加快推进园区空间规划。

3.2 规划环评由来及目的

乡镇工业集聚区建设发展的初衷，是在环境保护和经济发展平衡中，推动镇村经济发展和现代化建设。以本书研究区为例，其前身乡镇工业集中区，最早可追溯至 2007 年。为了促进地方经济发展，增加财政税收，提高村民经济收入，乡镇通过招商引资吸纳了一部分轻工业企业，得益于区域较高的农业经济比重和富余的劳动力，逐步形成了以农副产品加工为主体的企业群，辅以纺织服装、机械加工等企业。

建设初期，由于缺乏统一规划，“建设先于规划”，入区企业在空间布局、产业链衔接等方面均存在较大局限。企业管理经营水平有限，部分企业甚至属于“小散乱污”。随着社会公众环保意识的增强、相关环保政策的出台，环保监管在项目落地过程中的作用愈发加强。一方面，乡镇为适应区市政府的战略部署，发展地方经济；另一方面，在一定程度上迫于环保管理的要求和方便项目落地，乡镇园区逐渐从“口头上”的工业集中区，向拥有开发建设规划、得到生态环境管理部门认定的“乡镇工业聚集区”转变。

本书研究区就是在上述背景下，于 2018 年开展乡镇园区规划环评工作，旨在推动镇村建设发展，响应政府的战略部署，形成产业集聚效应，打造特色产业园。该乡镇规划环评也于 2019 年取得生态环境部主管部门环评审批。

但是近年来，鉴于国家宏观经济形势出现的新变化和乡镇自身社会经济发展的新情况，为满足经济和城乡建设发展的新需要，乡镇人民政府委托原有的乡镇总体规划、园区发展规划，对其进行了完善和修编。对照上轮规划，本轮园区发展规划主要在规划面积、规划主导产业上有所变动。规划面积较上轮规划有所增大，主导产业则由“农副产品加工业(食品加工制造，不含屠宰)、纺织服装加工(棉纱加工、服装加工，不含印染工艺)、机械加工(主要为机械零部件制造生产，不含配套电镀工序)”调整为“新型纤维材料及纺织服装、先进机械装备制造、绿色建材”。

根据国家和江苏省有关环境影响评价规范及管理要求，各类产业园区需要依法开展规划环评工作，编制环境影响报告书。规划发生重大调整或修订的，应当依法重新或补充开展规划环评工作。为切实做好当地的环境保护工作，使经济建设与环境保护协调发展，确保园区规划、开发、建设的有序进行，乡镇人民政府特委托专业机构针对调整后的园区发展规划开展规划环境影响评价工作。拟通过分析园区规划的基础建设现状及存在问题，根据规划方案从区域环境管理要求出发，提出更为合理、实用的环境保护措施及对策建议，为园区规划的可持续发展提供更为科学的依据，从而促进区域经济、人口、资源和环境协调发展。

4

评价依据和标准、评价因子、评价范围、评价重点的确定

4.1 评价依据和标准

本书以规划环境影响评价、环境风险评价等技术导则为基本依据和方向指引，及时跟踪各类导则标准的更新进度，补充了《江苏省地表水（环境）功能区划（2021—2030 年）》（苏环办〔2022〕324 号）、《环境影响评价技术导则 声环境》（HJ 2.4—2021）、《环境影响评价技术导则 生态影响》（HJ 19—2022）等材料，从国家法规、部门规章，江苏省地方法规政策及规划文件，研究区乡镇规划材料几个方面完善评价依据。

环境质量标准方面，对照区域环境空气、地表水、声环境、土壤地下水环境功能，《江苏省地表水（环境）功能区划（2021—2030 年）》等材料，本书研究乡镇工业集聚区所在区域环境质量分别执行《环境空气质量标准》（GB 3095—2012）二级标准、《地表水环境质量标准》（GB 3838—2002）Ⅲ类标准、《地下水质量标准》（GB/T 14848—2017）Ⅳ类标准、《声环境质量标准》（GB 3096—2008）、《土壤环境质量 建设用地土壤污染风险管控标准（试行）》（GB 36600—2018）、《土壤环境质量 农用地土壤污染风险管控标准》（GB 15618—2018）等相关标准要求。

污染源排放标准，根据研究区现有企业分布及用地性质，大气污染物排放标准执行《锅炉大气污染物排放标准》（GB 13271—2014）、《挥发性有机物无组织排放控制标准》（GB 37822—2019）、江苏省地标《大气污染物综合排放标准》（DB32/4041—

2021)等标准。噪声排放执行《工业企业厂界环境噪声排放标准》(GB 12348—2008)、《建筑施工场界环境噪声排放标准》(GB 12523—2011)等标准。园区一般工业固废、危险废物贮存处置执行《危险废物贮存污染控制标准》(GB 18597—2001)、《一般工业固体废物贮存和填埋污染控制标准》(GB 18599—2020)等标准要求。此外,园区实行集中接管,依托所在乡镇污水处理厂进行污水处置,故企业废水排放执行园区污水处理厂接管标准,污水厂尾水则执行《城镇污水处理厂污染物排放标准》(GB 18918—2002)表 1 中一级 A 标准。

4.2 评价因子

评价因子分为环境现状评价因子、环境影响预测因子和总量控制因子。评价因子的选择要考虑现有及规划落地项目的排放、区域超标因子,还要考虑潜在的污染因子。根据上文背景介绍,由于区域发展要求,本书乡镇工业集聚区规划主导产业发生变动,主导产业调整为新型纤维材料及纺织服装、先进机械装备制造和绿色建材。

1. 大气相关因子

本次研究区所在辖区,为颗粒物不达标区,颗粒物作为大气环境重点管控指标应优先关注。

对照现有企业及规划主导产业废气产排污特点,SO_2、NO_x、颗粒物、VOCs、HCl 为主要污染物。其中绿色建材等产业因工艺要求,自建成型生物质锅炉或天然气锅炉予以供热,潜在污染因子为 SO_2、NO_X、颗粒物(含 $PM_{2.5}$、PM_{10})。HCl 为机械装备制造企业金属板材前处理潜在污染源。由于乡镇工业集聚区入园企业规模有限,工艺相对单一固定,对潜在的例如甲苯、二甲苯、乙醇等有机污染物以 VOCs(非甲烷总烃)计。

2. 地表水相关因子

研究区实行污水集中接管,污水依托所在乡镇污水处理厂处置。研究区规划主导产业为新型纤维材料及纺织服装、先进机械装备制造和绿色建材，涉及现有农副产品加工企业。上述行业企业产污较少，废水排放主要来自职工生活污水，废水污染因子为常规指标。同时，对照研究区上轮规划环评现状调查因子进行适当补充。

3. 土壤、地下水相关因子

研究区现有企业主要为建材、纺织制品及服装、农副产品加工，本轮规划主导产业为新型纤维材料及纺织服装、先进机械装备制造和绿色建材。企业无其他特征潜在污染因子，土壤环境监测指标对照导则要求，选取 GB 36600 中规定的基本 45 项。地下水环境监测指标参照导则要求，分为基本水质因子和特征因子。考虑到本研究区潜在污染因子情况，故地下水环境监测以基本水质因子为主，同时，为查明地下水的化学类型，方便查验监测结果的准确性，根据导则要求另需监测四阴四阳八大离子（K^+、Na^+、Ca^{2+}、Mg^{2+}、CO_3^{2-}、HCO^{3-}、Cl^-、SO_4^{2-}）浓度。

4. 噪声相关因子

等效连续 A 声级。

5. 总量控制因子

污染物总量控制是以环境质量目标为依据，对区域内各污染源的排放总量实施控制的管理制度。最早可追溯至 20 世纪 80 年代。我国真正意义上的污染物总量控制制度的建立是在“九五”之后，在随后实施的“十五”“十一五”等五年计划中均有涉及污染物总量控制制度的相关内容。

根据污染物总量控制制度，重点污染物排放总量控制指标由国务院下达后，省、自治区、直辖市人民政府可以根据本行政区域环境质量状况和污染防治工作的需要，对国家重点污染物之外的其他污染物排放实行总量控制。“十一五”期间国家总量控制指标为 COD 和二氧化硫。“十二五”期间，将主要污染物由两项扩大到四项，即 COD、氨氮、二氧化硫、氮氧化物。本书研究区总量控制指标，根据所在地级市要求确定。

综上，对照研究区现有企业及规划产业污染物排放情况初步分析，结合区域的环境现状、相应的环境控制标准，确定项目的评价因子如表 4.2.1 所示。

表 4.2.1 项目评价因子

要素	现状评价因子	影响预测因子	总量控制因子
大气	SO_2、NO_2、$PM_{2.5}$、PM_{10}、非甲烷总烃	SO_2、NO_2、PM_{10}、非甲烷总烃、HCl	烟(粉)尘、SO_2、NO_x、VOCs
地表水	pH、水温、悬浮物、COD、NH_3-N、石油类、BOD_5、总磷、粪大肠菌群、苯系物（苯、甲苯、乙苯、间，对-二甲苯、邻二甲苯、苯乙烯）、挥发酚	COD、氨氮	COD、氨氮、总磷、总氮
地下水	pH、COD、氨氮、TP、溶解性总固体、氰化物、氟化物、硝酸盐氮、亚硝酸盐氮、硫酸盐、总硬度、氯化物、粪大肠菌群、挥发酚、六价铬、铁、锰、铅、铜、镍、镉、锌、砷、汞、石油类。外加四阴四阳八大离子（K^+、Na^+、Ca^{2+}、Mg^{2+}、CO_3^{2-}、HCO_3^-、Cl^-、SO_4^{2-}）	—	—
土壤	基本项目(1 项)：pH 重金属和无机物(7 项)：砷、镉、铬（六价)、铜、铅、汞、镍； 挥发性有机物(27 项)：四氯化碳、氯仿、氯甲烷、1,1 -二氯乙烷、1,2 -二氯乙烷、1,1 -二氯乙烯、顺- 1,2 -二氯乙烯、反- 1,2 -二氯乙烯、二氯甲烷、1,2 -二氯丙烷、1,1,1,2 -四氯乙烷、1,1,2,2 -四氯乙烷、四氯乙烯、1,1,1 -三氯乙烷、1,1,2 -三氯乙烷、三氯乙烯、1,2,3 -三氯丙烷、氯乙烯、苯、氯苯、1,2 -二氯苯、1,4 -二氯苯、乙苯、苯乙烯、甲苯、间二甲苯 + 对二甲苯、邻二甲苯； 半挥发性有机物(11 项)：硝基苯、苯胺、2 - 氯酚、苯丙[a]蒽、苯并[a]芘、苯并[b]荧蒽、苯并[k]荧蒽、䓛、二苯并[a,h]蒽、茚并[1,2,3-cd]芘、萘	—	—
噪声	等效连续 A 声级	等效连续 A 声级	—

续表

要素	现状评价因子	影响预测因子	总量控制因子
生态	农田、人口、城镇、绿化、水资源、水生生物、动植物等	生态影响分析	—
固废	工业固废、危险固废、生活垃圾的发生量、综合利用及处置状况	—	工业固废总量

4.3 评价范围

乡镇工业集聚区规划环评评价范围以园区规划范围为主，该类乡镇园区建设发展过程中，受经济、区位等方面影响，往往缺乏统一规划，基础设施建设依托于园区所在乡镇，其园区在范围规划上一般靠近镇区。同时，由于绝大多数乡镇农业经济在社会经济中占比高，居民生活生产对农田较依赖，乡镇园区周边大多有一般农用地或基本农田。地表水环境、大气环境等可能对周边区域产生一定的影响，因此在评价范围确定上应适当扩展到周边区域。

综上，按照规划环境影响评价技术导则确定评价范围的原则，结合园区发展现状，评价空间范围详见表 4.3.1。

表 4.3.1 评价范围

评价内容	评价范围	备注
污染源调查	覆盖园区规划范围	—
大气	覆盖规划范围，并扩展至园区规划范围边界 2.5 km 范围	根据 AERSCREEN 估算结果，确定本次评价等级为一级且 D10%小于 2.5 km，最终确定评价范围为园区规划边界外扩 2.5 km
地表水	园区内及污水处理厂尾水纳污水体	参照导则要求，根据主要污染物迁移转化状况，覆盖项目污染影响所及水域

续表

评价内容	评价范围	备注
地下水	覆盖园区规划范围并适度考虑地下水流场和水文地质单元	参照导则要求，包括与项目相关的地下水环境保护目标，能说明地下水环境的现状，反映调查评价区地下水基本流场特征
土壤	园区规划范围，并适当考虑周边 1km 范围区域	参照导则要求，识别为一级评价工作等级，污染影响型
声环境	覆盖园区规划范围，并扩展至园区规划范围边界 200 m 范围	项目以固定声污染源为主，参照导则要求，结合园区现状，从严按照一级评价考虑
风险评价范围	覆盖园区规划范围，并扩展至园区规划范围边界 3 km 范围	参照导则要求，大气环境风险评价范围，一级、二级评价距项目边界一般不低于5 km；三级评价距项目边界一般不低于 3 km
生态环境	园区范围内陆域和水域，同时考虑周边生态空间管控区。	—

4.4 评价重点

类似于其他工业园区的规划环评，乡镇工业园区的评价重点也是基于园区开发建设及环境质量的现状调查，分析区域的资源环境承载力，剖析园区现有及规划建设存在的问题和发展制约因素，并提出切合实际的规划优化调整建议和环境影响减缓措施，制定匹配园区现状的"三线一单"管理要求等。具体来看，从以下几个方面展开：

(1) 通过对园区开发强度、土地利用、功能布局、产业定位等情况的调查，分析资源能源利用效率、主要行业污染物排放强度，找出园区规划建设存在的问题和解决途径。此类问题，结合乡镇特点，常见的有缺乏统一规划，功能布局混乱、园区土地产出或利用率低、产业定位杂乱不清晰，未形成产业集群效应等。不过考虑到乡镇园区的局限性，建议在此类情况分析中，切不可"生搬硬套"，过分拔高要求，而是应该从园区的面积(发展前景)、产业现状等角度适当弱化个别评价要求，提出“接地气”的实际指导要求。

(2) 规划区环境现状调查和发展回顾性评价，回顾规划区土地开发利用、布局结构、产业发展、基础设施建设等的实施情况，识别规划区现状存在的主要环境问题。不同于前项侧重于规划本身的内容，该部分内容立足于园区现状回顾和环境质量调查，主要针对的是园区的环境问题，判断园区开发是否对区域环境已经造成了不良影响，是否有相应的环境容量以支持规划产业的发展。同时，考察现有配套设施的建设进度和程度能否匹配园区发展的目标，以及发展规模是否合理。

(3) 生态环境要素影响分析。此章节内容，通俗来讲即为“预测和环境影响分析”。通过模型等手段，对规划实施后的废气、废水、固体废物污染源强进行预测，重点分析规划区的规模、功能布局、产业定位等对资源生态环境要素和周边环境敏感区的影响，进而分析论证其环境合理性。

预测与分析部分的内容，与绝大多数规划环评甚至项目环评的思路类似。但在污染源计算的选择上，则往往需要体现乡镇工业园区的特点。以大气源强预测为例，由于乡镇园区往往具有体量小、企业数量少、无明显产业集群等特点，单位面积企业的产污情况无代表性。在单位面积产污系数的选择上，应类比区域同类型园区，然后结合园区现有或规划产业情况适当调整。对于已确定的拟建项目，如若产排污相对现状差别较大，可采用叠加点源的方式进行预测。同理，在废水预测上，由于现阶段主流的乡镇产业排水量较小，或主要来源于职工生产生活废水，受职工人数影响，在废水量预测上也应选择与大气源强预测类似的思路。

(4) 资源环境承载力分析。评价规划对土地资源、水资源、能源的压力，分析资源能否满足规划实施的需求。论证规划排水方式及排水去向的环境合理性，确保开发规模与水环境承载能力相协调。分析区域大气环境容量是否满足规划实施的需求。

这部分内容中，由于乡镇资源种类较单一，对土地、水、能量资源的承载力分析在一定程度上也就是对现有/规划给水、供电、供气等基础设施的能力评估。该部分内容，重难点应该集中在水环境、大气环境的承载力分析上。一旦出现超标或者恶化的趋势，则应该考虑采取相应的区域环境整治措施。由于乡镇工业园区体量小、污染少，在区域环境大背景下往往作用力有限，因此在此类整改措施上，应多从区市政策上着手。

(5) 规划方案优化调整建议和环境影响减缓措施。从环境保护角度对本次规划的规模、布局和产业结构等方面提出规划方案优化调整意见和建议；对规划实施可能给周边功能区带来的不利环境影响，提出预防、减缓和修复补救措施。

顾名思义，如果说前面的内容在回顾现状的基础上，分析问题提出问题，这部分内容则是从政策措施上“解决问题”。如上文所述，该部分内容需要避免“假大空”口号式的整改建议。以本书乡镇研究区为例，上轮规划的主导产业为农副产品加工，产污小、工艺成熟，同时也是乡镇税收大项，为区域传统优势产业，但与本轮规划不相符。为了防止规划及规划环评沦为一纸空谈，本着对园区负责、实事求是的态度，应该在产业优化建议上向该类产业倾斜，提出保留的要求。

(6) 结合区域主体功能定位，依据规划区生态敏感程度及保护目标、规划区功能布局，明确重点保护的生态空间管控清单；根据规划区环境质量现状和改善目标、环境承载能力和区域产污特征，提出主要污染物排放总量控制限值清单；根据规划区产业结构和发展方向，结合区域环境制约因素和定位，提出规划范围内的差别化环境准入条件。以“资源利用上线、环境质量底线、生态保护红线和产业准入负面清单”为手段，强化空间、总量、准入环境管理，做好与项目环境影响评价联动。这部分内容即为“三线一单”，也往往是乡镇园区切实关心的部分——能发展什么企业，不能发展什么企业。由于“三线一单”对后期入区建设项目环评起指导和约束作用，对该部分的内容编制应论证充分。

5

规划分析

根据《规划环境影响评价技术导则 总纲》(HJ 130—2019)、《规划环境影响评价技术导则 产业园区》(HJ 131—2021)等指导文件,规划分析章节主要包括"规划概述"和"规划协调性分析"两大部分内容。规划概述应明确可能对生态环境造成影响的规划内容;规划协调性分析应明确规划与相关法律、法规、政策的相符性,以及规划在空间布局、资源保护与利用、生态环境保护等方面的冲突和矛盾,关注规划区范围问题及后期规划实施的制约因素。

5.1 规划概述

该部分主要内容包括介绍规划编制背景和定位,结合图、表梳理分析规划的空间范围和布局,规划不同阶段目标、发展规模、布局、结构(包括产业结构、能源结构、资源利用结构等)、建设时序、配套基础设施等可能对生态环境造成影响的规划内容,梳理规划的环境目标、环境污染治理要求、环保基础设施建设、生态保护与建设等方面的内容。如规划方案包含的具体建设项目有明确的规划内容,应说明其建设时段、内容、规模、选址等。

1. 规划总体安排

说明产业园区规划目标和定位、规划范围和时限、发展规模、发展时序、用地(用海)布局、功能分区、能源和资源利用结构等。该部分内容,乡镇工业园区与其他园区类似,但受限于其体量和发展现状,在深度安排上可能不及大型园区。

以本书研究区为例，其规划总体安排内容主要如下：

1）发展定位

建设以发展新型纤维材料及纺织服装、先进机械装备制造和绿色建材为主的工贸新镇、生态宜居示范镇。引入“互联网＋”的先进理念，推进新型工业化，将园区建设成具有地方特色的多种企业规模综合发展的产业集聚区。

2）规划目标

总体目标：深化土地利用内容、形式，提高土地利用效率，保护生态环境；优化用地布局结构，完善市政配套设施，塑造景观形象；培育创新企业发展环境，引导产业聚集，把园区建设成为现代工业的聚集区和科技创新的示范区。

近期目标：实现“六通一平一中心”，完善园区基础设施配套建设。

远期目标：提升园区载体承载能力，巩固三大产业基础优势并结合电子商务，逐步把园区打造成高水平的集工业生产、办公服务、创新研发、乡镇物流等于一体的富有特色的工业集聚区。

3）功能布局

乡镇工业园区规划主要依托于乡镇建设现状。所以在功能布局上，也需要与乡镇总体规划或详细规划相协调。以本研究区为例，依托现状用地及自然条件，研究综合基地内产业现状及未来产业链的结构，提出“一轴，双核，三产”的功能布局结构，如图 5.1.1 所示。

（1）一轴：园区产业发展轴。

以贯通园区南北方向的主干道为主要轴线，并承担园区主要交通功能，逐步带动园区建设和发展。

（2）双核：创业服务中心和仓储物流中心。

创业服务中心融合原有网络创业孵化基地的功能，吸引小微企业入驻，依托传统产业和特色产品发展电子商务，同时进行功能扩展，为园区提供创业培训、商务交流、产品展示等多种生产性服务功能。仓储物流中心，为园区乃至镇区提供货物仓储与物流运输服务，满足远期园区发展需要。

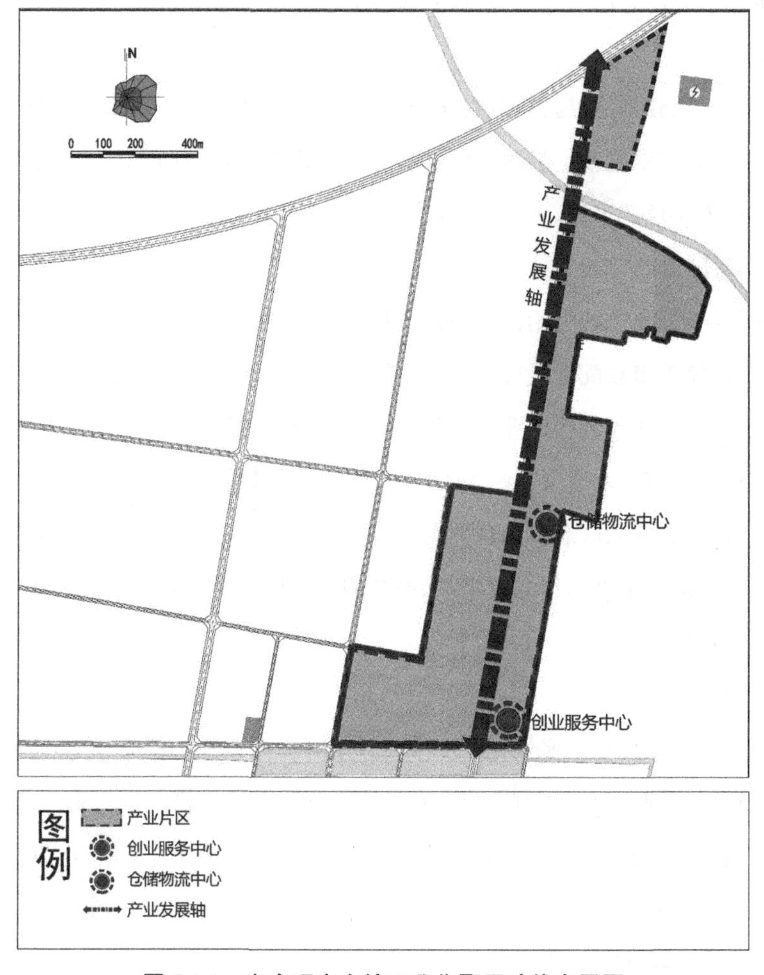

图 5.1.1　本次研究乡镇工业集聚区功能布局图

(3) 三产：园区内三个主导产业。

由于乡镇工业园区整体面积有限，在实际规划环评开展中往往服务于部分项目落户，产业布局的设定在园区后续开发建设中没有太大的可操作性，反而容易导致实际开发现状与规划布局出入大，整体规划体系混乱。结合笔者的经验，并不推荐乡镇园区划分或者设置过多产业片区。为避免后期反复调整规划、重复劳动，建议在乡镇规划环评项目对接过程中，有条件的，应该加强与建设单位、规划单位之间的互动，适当弱化“产业片区”概念。

本研究对象为乡镇工业集聚区，规划主导产业包括新型纤维材料及纺织服装、先进机械装备制造和绿色建材。在充分考虑现有企业分布格局、未来产业实际可能的项目选址情况下，不再另行设立产业片区，而是依托3个规划主导产业，整体发展形成产业互动、三产联动的格局。

2. 产业发展

说明产业园区产业发展定位、产业结构，重点介绍规划主导产业及其规模、布局、建设时序等，规划所包含具体建设项目的性质、内容、规模、选址、项目组成和产能等。

乡镇工业园区在产业规划上受地方招商政策影响大，产业链、产业集群程度较低。为了特定项目随意调整规划，立项审批流程繁琐，费时费力，如何在产业规划上探索一条适合乡镇发展，行之有效的道路，是摆在乡镇园区发展面前的一道共同难题。

为此，笔者针对上述情况，提出几条个人的看法：①乡镇产业政策需要基于园区企业现状和地区经济结构特点。形成产业集群，建立特色集聚区是需要时间经营的。为了特定项目而调整产业规划，容易限制现有轻污染、发展良好的产业，对现有已成规模的产业造成不良影响。确有需要规划全新产业的园区，建议在规划中适当突出对现有产业的发展管理要求，以便引导规划环评。②乡镇园区规划要结合实际，得响应区市级产业发展规划，有选择性地规划新兴产业，一味盲从不利于乡镇发展。乡镇园区规划范围有限，小几百公顷甚至几十公顷的比比皆是。其土地资源有限，无法承载过多的产业。如果乡镇产业规划，在已经保留现有产业的基础上，为响应上级政府的产业方向“既要又要还要”，则容易导致园区产业复杂混乱，和原本构建产业集群效益、建设特色工业集聚区的初衷背道而驰。③为了乡镇园区高端化发展，除了响应上级政府尽可能地引进高附加值的“高精尖”产业，也可以结合乡镇所在区位优势，以发展所在区市主导产业的配套产业为产业立足点。

回到本书研究的乡镇工业集聚区，工业集聚区规划用地面积64.33 ha，全部规划为建设用地，其中工业用地 43.00 ha，以发展新型纤维材料及纺织服装、先进机械装备制造、绿色建材为主。其中新型纤维材料及纺织服装产业以高端纺织服装功能家纺为引领，培育从纤维、复合材料到纺织服装产品一体化的产业链；先进机械装备制造产业以高端化、智能化、绿色化为方向，发展各类机械器械和装备设备制造，推进机械制造业加快向产业链高端攀升；绿色建材产业以培育绿色建材优势产业为目标，大力发展新型墙板材料、环保装饰材料、绿色建筑功能材料、装配式建筑材料等新型建筑材料。

研究区的产业规划选择，突出了乡镇经济劳动力密集的特点，发展了区域传统产业优势，较好地体现了园区的特色和发展方向。但规划中也未能形成与上轮规划主导产业之间的紧密联系和良好衔接，需要在规划环评内容中加以关注。

3. 基础设施建设

重点介绍产业园区规划建设或依托的污水集中处理、固体废物（含危险废物）集中处置、中水回用、集中供热（供冷）、余热利用、集中供气（含蒸汽）、供水、供能（含清洁低碳能源供应）等设施，以及道路交通、管廊、管网等配套和辅助条件。

乡镇工业园区由于毗邻乡镇，其基础设施主要依托于镇区。除此之外，从基础设施的具体内容上来看，乡镇园区排水工程依托的是城镇污水处理厂，不同于工业集中区的工业污水处理厂，城镇污水处理厂在受纳污染负荷能力上略有不足。因此需要结合园区现有及规划产业的排污特点，对排水提出适当的管控要求。乡镇园区能源结构单一，禁止燃煤使用，因此往往不涉及供热规划，部分园区甚至远期也无燃气规划。

乡镇工业园区由于固废产污量小，不设置固废集中处置中心，甚至不具备单独的固废工程规划，取而代之的是“环卫规划”。两者在内容上有一定相关性，但环保分析更应该侧重“固废工程规划”。可能需要规划及规划环评单位进行必要互动，完善相关要求。此外，乡镇基础设施中，可能涉及通信规划等环保关联度相对较低的部分。在此类问题上，规划环评分析应该有侧重点地加以展开，以给水、雨污排水、固废工程为主。

以本研究区为例，根据规划，其主要的基础设施规划内容如下：

1）给水工程规划

根据镇区总体规划，园区远期接入区域供水管网。给水管网成环网布置，给水干管沿区内干道布置。

2）污水工程规划

园区排水体制实行雨污分流制，地块内的污水由污水管网收集后，送至园区污水处理厂集中处理。规划范围内，工业企业要求所有污水全部接管，且需经厂内预处理达到接管标准后，方可排入园区污水管网。严禁私设排污口，未经处理的污水严禁排入水体。污水管网规划，主要以道路为载体进行地下敷设。地下管道埋设遵循“先深后浅”原则，结合道路施工率先埋设。

3）雨水工程规划

雨水管网布置遵循高水高排、低水低排和就近排入河流水系的原则。管网采用正交方式截流，利用管道排放。雨水管均埋设于道路中间，设计流速按不淤流速计，使雨水管底坡度和管道埋深降到最小值。

4）电力工程规划

园区供电电源规划由 110 kV 镇区变电站引入。以 10 kV 线路为主要配电网络，10 kV 主干线路伸入负荷中心，环网接线。园区内各用户根据实际需要建设 10 kV变配电房(箱)，电源由 10 kV 主干线路直接引入。

5）固废工程规划

研究区主要固废来源为区内企业日常生产及职工生活产生的工业固废和生活垃圾。参照镇区总体规划、研究区发展规划内容，园区生活垃圾依托环卫工程进行处置清运。

环卫设施规划遵循因地制宜、合理布局的原则，据园区的功能定位，按照各类环卫设施的特点，合理规划设置环卫设施。在各地块内设置生活垃圾收集点，并全面推广垃圾分类收集处理。依据园区道路人流量在路边设置废物箱。粪便纳入污水管网，进入污水处理厂集中处理，达标后排放。

园区内各个地块至少需要设置一处小型垃圾收集站，进行废弃材料等工业垃圾的收集。一般工业固废采用外售、厂家回收等方式综合利用，尽可能做到固废减量化、资源化。考虑到园区现有企业及规划主导产业产废情况，危废产生量较少，区内不设立集中处置中心，由各企业委托有资质的单位进行合理处置。危险废物厂内暂存，按照《危险废物贮存污染控制标准》(GB 18597—2001)及2013年修改单(环保部公告2013年第36号)要求，设计、建造或改建用于专门存放危险废物的设施，按废物的形态、化学性质和危害等进行分类堆放，并设专业人员进行连续管理。

4. 生态环境保护

重点介绍产业园区环境保护总体目标、主要指标、环境污染防治措施、生态环境保护与建设方案、环境管理及环境风险防控要求、应急保障方案或措施等。

该部分内容属于乡镇园区规划比较缺失的地方，关联度相对较高的是"绿地景观规划"等内容，城镇建设用地面积增大后，绿地规划作为手段，在一定程度上可以减轻开发建设过程中对生态环境的影响。

本研究区绿地景观规划，致力于构建体系完善、层次丰富的绿地空间系统，规划形成"两心两轴多点"的绿地系统结构，改善人文自然环境。

5.2 规划协调性分析

根据《规划环境影响评价技术导则 总纲》(HJ 130—2019)、《规划环境影响评价技术导则 产业园区》(HJ 131—2021)等指导文件，规划协调性分析主要分为"与上位和同层位规划的协调性分析"和"与三线一单的符合性分析"两大部分。

"与上位和同层位规划的协调性分析"，主要分析产业园区规划与上位和同层位生态环境保护法律、法规、政策及国土空间规划、产业发展规划等相关规划的符合性和协调性，明确双方在空间布局、资源保护与利用、生态保护、污染防治、节能降碳、风险防控要求等方面的不协调或潜在冲突。

"与三线一单的符合性"，重点关注规划与区域生态保护红线、环境质量底线、资源利用上线和生态环境准入清单要求的符合性，对不符合“三线一单”要求的，提出明确的规划调整建议。

考虑到乡镇工业集聚区的特殊性，部分国家甚至省级层面的生态环境相关法律法规和政策文件的实际指导意义不大。在协调性分析章节应侧重于可操作性，以市级及市级以下政策文件要求为分析重点，对照园区具体的规划内容，提供政策指引和导向。

5.2.1 与上位规划的协调性分析

本章节主要针对《江苏省国民经济和社会发展第十四个五年规划和二〇三五年远景目标纲要》、《江苏省主体功能区规划》、研究区所在地级市城市总体规划、国土空间规划近期实施方案以及研究区所在乡镇总体规划作为上位规划展开协调性分析。

1)《江苏省国民经济和社会发展第十四个五年规划和二〇三五年远景目标纲要》(以下简称《纲要》)

江苏省人民政府于 2021 年 2 月发布了《省政府关于印发江苏省国民经济和社会发展第十四个五年规划和二〇三五年远景目标纲要的通知》(苏政发〔2021〕18 号)。《纲要》从产业发展、农村建设、社会保障等多方面对全省发展作出了思想指导和启示。对照此纲要，从产业发展体系、乡村振兴、社会保障等要求上，研究区本轮规划在主导产业、规划目标上是与之相协调的。

2) 研究区所在地级市城市总体规划

根据城市总体规划，园区所在乡镇属于促进开发区，对其采取的政策为“进一步强化资源集中使用，重点培育城镇发展，引导镇域城乡人口和经济适度集聚，以点式集中发展为主”。对其产业指引为“重点发展木材深加工、纺织、农副产品加工等特色传统产业，配套发展商贸流通、农业服务业等”。本研究区规划，响应国家宏观政策，以产业为主导，聚焦于特色产业和新兴产业，引入“互联网 + ”的先进理念，主导发展新型纤维材料及纺织服装、先进机械装备制造和绿色建材，建设具有地方特色的产业集聚区，属于因地制宜、适度开发，与所在地级市城市总体规划的发展政策引导是相协调的。

3）国土空间规划近期实施方案

与国土空间规划近期实施方案土地利用规划图进行叠图，可发现园区规划范围内涉及的土地性质主要有三类：允许建设区、允许建设用地和一般农用地，不涉及基本农田。其中园区规划部分工业用地，现状为一般农用地。园区后续规划建设用地如需占用该部分区域，则需按照《中华人民共和国土地管理法》有关规定，办理农用地转用审批手续后，由市人民政府自然资源主管部门核发建设用地规划许可证，方可进行建设。因此，在落实用地性质变更后，园区用地规划与上级国土空间规划近期实施方案相协调。

4）研究区所在乡镇总体规划

对照园区所在乡镇总体规划相符性分析，可从主导产业、基础设施规划、布局结构、用地性质等角度进行针对性分析。一般来说，乡镇工业集聚区的规划晚于乡镇总体规划，且两者的实施部门均为乡镇人民政府，故从规划内容、发展时间节点上来看，两者往往协调一致。由于涉及具体内容，此处直接引用分析结论，园区的规划内容与乡镇总体规划是相符合的，且从用地分布规划上看，各类规划用地情况均保持一致，符合所在乡镇总体规划要求。

5.2.2 与产业政策协调性分析

本研究区主导产业定位"以发展新型纤维材料及纺织服装、先进机械装备制造、绿色建材为主"。其中，新型纤维材料及纺织服装产业以高端纺织服装功能家纺为引领，培育从纤维、复合材料到纺织服装产品一体化的产业链；先进机械装备制造产业以高端化、智能化、绿色化为方向，发展各类机械器械和装备设备制造，推进机械制造业加快向产业链高端攀升；绿色建材产业以培育绿色建材优势产业为目标，大力发展新型墙板材料、环保装饰材料、绿色建筑功能材料、装配式建筑材料等新型建筑材料。

对照《产业结构调整指导目录(2019 年本)》，本规划产业定位涉及的项目不属于限制类和淘汰类项目，符合国家现行产业政策。

对照《江苏省工业和信息产业结构调整指导目录（2012年本）》以及《关于修改〈江苏省工业和信息产业结构调整指导目录（2012年本）〉部分条目的通知》（苏经信产业〔2013〕183号），本规划涉及的项目不属于限制类和淘汰类项目，符合江苏省现行产业政策。

根据《江苏省工业和信息产业结构调整限制、淘汰目录和能耗限额（2015年本）》，园区内规划企业、工艺、装备、产品均不属于限制类和淘汰类，产品生产、设备使用均未超出能耗限额。

对照《长江经济带发展负面清单指南》（试行，2022年版），研究园区选址不涉及港口码头、长江通道或河湖岸线，周边无自然保护区或风景名胜区岸线，不涉及饮用水水源保护区、水产种质资源保护区或国家湿地公园岸线，不占据相关规划对应的河段及湖泊保护区、保留区。园区规划主导产业不涉及国家法律法规和相关政策明令禁止的落后产能、严重过剩产能行业项目。行业主要污染物单一，无高毒、高污染因子，不属于高耗能、高排放项目。园区选址及产业政策符合《长江经济带发展负面清单指南》（试行，2022年版）要求。

对照《江苏省"十四五"生态环境保护规划》，产业上要求重点健全绿色低碳循环产业体系。坚持智能化、绿色化、高端化导向，加快传统产业优化升级，强化能耗、水耗、环保、安全等标准约束。严格落实国家落后产能退出指导意见，依法淘汰落后产能和"两高"行业低效低端产能，分类实施"散乱污"企业关停取缔、整改提升等措施。园区依托现有产业基础，规划重点发展新型纤维和纺织、先进机械和装备制造、绿色建材，同时辅助以电商物流、"互联网+"发展理念。园区主导产业不涉及高污染、高能耗，符合《江苏省"十四五"生态环境保护规划》中对产业发展的要求。

对照研究区所在地级市"十四五"生态环境保护规划，十四五期间，要求推进产业结构转型升级。其中，重点聚焦酒类、绿色食品、高端纺织、绿色家居等传统产业，推进智能化和绿色化改造。引导发展"互联网+制造""服务型制造"等新业态、新模式，提升产业层次和发展水平。同时，建材行业要求推动超低排放和技术升级，淘汰落后产能，进一步提升技术装备水平，推进绿色建材产品认证实施和推广应用，建设绿色建材行业体系。对照园区现有及规划主导产业产排污能耗特点，符合市“十四五”生态环境保护规划中对产业发展的要求。

因此本规划的产业定位符合国家和地方相关的产业政策。

5.2.3 研究区与国家、江苏省层面环境保护相关规划及政策协调性分析

该部分主要从大气、土壤、水环境保护等相关规划及环保政策角度，针对研究区规划进行协调性分析。考虑到乡镇所在地区仍以农业经济为主，补充农业农村、城镇建设相关政策。

1. 大气污染防治相关法规、条例

结合园区现状，从“优化能源结构”“限制落后产能”“VOC 污染控制”几个方面，根据《江苏省大气污染防治行动计划实施方案》、《关于落实大气污染防治行动计划严格环境影响评价准入的通知》(环办〔2014〕30 号)、《挥发性有机物(VOCs)污染防治技术政策》，对照园区规划相关内容进行分析，结果表明规划内容满足相关要点要求。

2. 城镇建设、农业农村相关政策

对照《关于进一步规范城镇(园区)污水处理环境管理的通知》(环水体〔2020〕71 号)、《国务院办公厅转发国家发展改革委等部门关于加快推进城镇环境基础设施建设指导意见的通知》(国办函〔2022〕7 号)、《农业农村污染治理攻坚战行动方案(2021—2025 年)》，园区已配备集中污水处理厂，所有涉及生产废水的企业均已实现接管，后期根据规划要求进一步完善管网布设，确保新入区项目全部接管。固废收集处置方面，一般固废采用厂家回收、资源化外售及环卫清运的方式处置。少量危险废物则委托有资质单位进行处置。积极开展区域水环境整治，推进农村生活污水垃圾治理和农村黑臭水体整治。可满足相关政策要求。

3. 水环境保护相关政策

对照《淮河流域水污染防治暂行条例》，园区规划规定了项目准入条件，在项目

审批上禁止污染严重的企业进入园区。工业园区不引进条例禁止的小型企业，园区规划范围内企业生活生产废水经厂区预处理后，接管至镇区污水处理厂集中处理，由污水处理厂处理后达标排放。与《淮河流域水污染防治暂行条例》是相协调的。

4. 污染防治攻坚战相关政策

对照《中共中央国务院关于全面加强生态环境保护坚决打好污染防治攻坚战的意见》(中发〔2018〕17 号)、《中共江苏省委江苏省人民政府关于全面加强生态环境保护坚决打好污染防治攻坚战的实施意见》(苏发〔2018〕24 号)、《中共中央国务院关于深入打好污染防治攻坚战的意见》(国务院，2021 年 11 月 2 日)、《中共江苏省委江苏省人民政府关于深入打好污染防治攻坚战的实施意见》(苏发〔2022〕3 号)，园区不涉及过剩产能，不排放高危、高毒性特征污染物。园区推进能源绿色低碳，无燃煤使用，提倡太阳能、天然气、轻质柴油等清洁能源。主要涉气企业均配备有相应的污染防治措施。依托镇区集中污水处理厂处置区内废水，同时积极开展区域水环境整治工作，改善区域水环境。与相关政策要求是相协调的。

5. 土壤环境相关政策

对照《土壤污染防治行动计划》《江苏省土壤污染防治工作方案》，本书规划不涉及典型重污染行业。现有入区及规划产业废水产生量较少，不涉及高污染、难降解污染物。园区已配备污水处理厂，同时规划进一步完善园区内污水管网建设进度，提高废水接管率。区内企业产废量较少，危废委托有资质单位进行处置，厂内暂存阶段做好防腐防渗工作，区内污染源对土壤污染较小，可满足政策要求。

6. 生态红线相关政策

对照《江苏省国家级生态红线保护规划》《江苏省生态空间管控规划》，规划区范围内没有涉及生态空间管控范围或生态红线保护区。可见，园区的建设与规划相协调。

7. 其他

通过对照《江苏省"十四五"生态环境保护规划》，园区在能源结构、废气治理、异味管控、产业政策等方面均相协调。

5.2.4 与研究区所在地级市/辖区层面环保相关规划及政策相容性分析

本书研究的乡镇工业聚集区位于苏北某地级市，所在地级市根据其在江苏省内的定位和主要经济特点，制定有相关重点行业环境准入要求、污染防治技术指南或导则。研究区规划主导产业为绿色建材、新型纤维材料及纺织服装和先进机械装备制造，为所在地级市/辖区具有一定基础的优势产业，具有产排污单一、工艺简单、对劳动力依赖程度较高等特点，因地制宜，适合乡镇园区发展需求。

此外，地市级或所在辖区“十四五”生态环保规划在制定上，以省级“十四五”规划为主要发展依据，同时结合区域经济发展特点展开。故在与江苏省“十四五”生态规划相协调的前提下，研究区发展规划与所在地级市/辖区层面环保相关规划基本相协调。上述政策的规划内容由于涉及具体内容，此处直接引用分析结论，研究区发展规划符合研究区所在地级市/辖区层面环保相关规划及政策要求。

5.2.5 结论

根据规划协调性分析可知，园区规划的总体目标、产业定位等与《产业结构调整指导目录(2019 年本)》、《江苏省国民经济和社会发展第十四个五年规划和二〇三五年远景目标纲要》、《江苏省主体功能区规划》、市城市总体规划、市/区国土空间规划近期实施方案、乡镇总体规划、《江苏省国家级生态红线区域保护规划》、《江苏省生态空间管控规划》、市“三线一单”生态环境分区管控实施方案、《省政府办公厅关于印发江苏省“十四五”生态环境保护规划的通知》等相关法律、法规、产业政策相协调。

6

回顾性评价

6.1 社会经济发展

6.1.1 区域社会经济发展情况

本书研究的乡镇工业集聚区所在乡镇，是远近闻名的“水产之乡”“蚕桑之乡”和苗猪繁育基地。镇域内村村通公路，陆路交通纵横交错。镇域基础设施配套齐全，自然条件优越，投资环境良好，民风淳朴，社会稳定。全镇形成了以农副产品加工为主体的企业群，缫丝、肉食品加工、粮食加工、饲料加工等企业，形成了一定的规模。同时，以门窗、砖瓦为主的建材生产企业，产品质量和生产效益都位居本地区同行业前列。2020 年，研究区所在乡镇在地级市中的地区生产总值情况如图 6.1.1 所示。

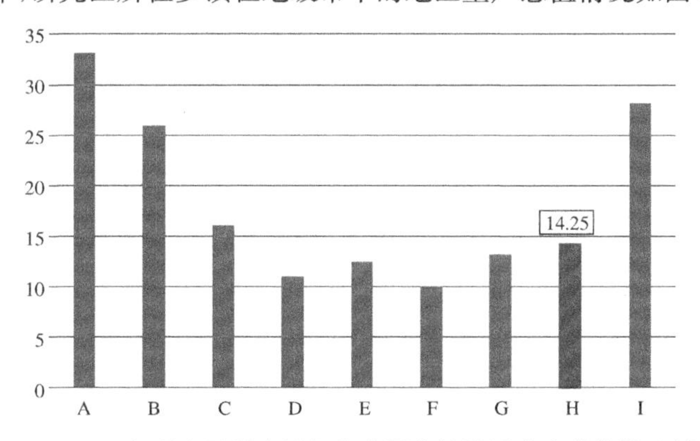

图 6.1.1　2020 年研究区所在地级市主要乡镇地区生产总值情况(亿元)

研究区现有企业主要从事农副产品加工、建材、纺织服装等区域传统优势产业，根据镇政府提供的数据，2020 年园区生产总值达到 3.98 亿元，对比市区同类规模乡镇工业园区，处于中上游水平。

6.1.2 区内主要企业概况

园区现状企业以中小型企业为主，规划范围内除镇区集中污水处理厂外，入驻企业共有 15 家，所属行业主要为建材、纺织制品及服装、农副产品加工等。区内现有企业具有产业类型单一，工艺流程简单，产污较少等特点。

根据统计分析，按照行业类别看，纺织制品及服装企业数量最多，占企业总数的 25.00%①；其次为农副产品加工企业，占比 18.75%；上述企业均为园区现有传统优势基础行业。金属制品加工、建材行业企业同为 2 家，占企业总数的 12.50%。此外，园区现有企业还涉及鞋业制造、非金属矿物制品、化纤、污水处理等行业，如图 6.1.2所示。

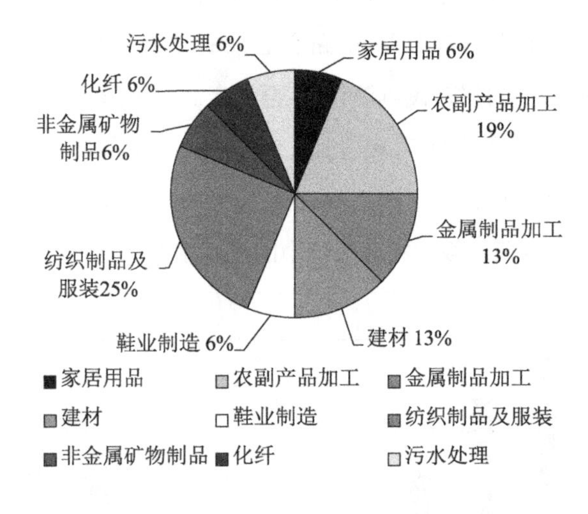

图 6.1.2 研究区现有企业行业类别占比示意图

① 因四舍五入，全书数据存在一定偏差。

1. 入区企业产业定位相符性

不同于规模化的工业集中区，乡镇园区在成立初期很大程度上依附了乡镇上级辖区的政策动向，成立不规范，缺少明确的成立文件。发展的过程中，乡镇园区往往又服务于乡镇招商引资，在规划范围、规划主导产业上模糊不清，变动性大。部分政策导向变化带来的问题、环境现有问题随着时间推移，甚至逐步形成“老大难”的历史遗留问题。

本书研究工业集聚区本轮主导产业为绿色建材、新型纤维材料及纺织服装和先进机械装备制造。研究区现有农副产品加工等部分企业，与本轮规划主导产业不相符。

根据工业园区规划环评的正常思路，针对现有企业与规划产业定位不相符的情况，往往建议对上述企业进行有序、有计划地搬迁或淘汰。本园区的农副产品加工企业属于上轮规划主导产业，为区域传统优势产业，与乡镇在省市规划中赋予的定位也相统一。而且园区在产企业整体污染排放较少，不涉及难降解、高毒性污染物，故考虑到乡镇工业园区的经济特点和社会功能，针对本研究区，仍建议保留农副产品加工企业。对于其他企业，则建议园区根据实际发展需求，加强对企业的管理，确保污染防治措施正常运行，污染物达标排放。在规划期内不进行扩大规模建设或新增排污总量。

2. 入区企业产业政策相符性

对照相关产业政策，研究区内现有入区项目不涉及《产业结构调整指导目录（2019 年本）》、《长江经济带发展负面清单指南》（试行，2022 年版）、《江苏省工业和信息产业结构调整指导目录（2012 年本）》及其修订（苏经信产业〔2013〕183 号）、《江苏省工业和信息产业结构调整限制、淘汰目录和能耗限额》等产业政策中的淘汰类或禁止类项目。

3. 研究区企业环保手续执行情况

通常情况下，乡镇工业集聚区由乡镇人民政府直接负责管理。乡镇政府下设的某一行政部门在其原有的基本职能上“兼管”工业集聚区环保工作。基于上述背景，乡镇工业集聚区往往未能建立完善的区内企业环保资料档案，未严格执行集聚区的日常环境监管和环保手续落实等，在环保管理上仍存在有较大的提升空间。

本研究区现有已建在产企业 15 家中，另有配套镇区污水处理厂，合计 16 家企业。其中 1 家企业未报批环评，属于未批先建。园区应要求其限期整改，补充完成现有项目的环评审批，并在获取审批文件之前不得擅自生产。区内其他企业均已完成建设项目环境影响评价或登记备案工作，故全区环评执行率为 93.75%。区内企业通过登记备案、环保局组织或自主完成项目环保竣工验收，已建企业验收/备案率为 87.50%。

6.2 资源能源利用

6.2.1 土地资源利用现状

本书研究区规划范围总面积 64.33 ha，其中建设用地 50.28 ha，占园区总范围的 78.16%。现状建设用地中大部分为工业用地，共 24.73 ha。研究区非建设用地占比 21.84%，主要为农田。

结合园区开发情况，本研究区区域现状用地仍存在开发程度较低的情况。如上文所交代的背景，乡镇工业集聚区由于易受上级产业政策、政府招商引资等影响，园区规划难以长期有序地落实，在规划范围、布局、主导产业等方面变动大。以本研究区为例，现有土地利用情况中，工业、居住用地相互穿插，分散布局，城镇建设无序，缺少进一步的合理布局，整体的土地资源开发利用和使用效率仍有较大的上升空间。

6.2.2 水资源利用现状

水资源利用现状主要分为地下水和地表水。水资源使用情况与产业特点紧密相关。劳动密集型的乡镇产业，除化纤纺织类企业外，整体用水需求较小。本研究区水资源使用来源主要为地表水，少量来自于民用自建地下水井。根据乡镇部门提供的数据，2020 年研究区内工业新鲜用水量约为 1 万吨，主要为在产企业职工生活用水和少量生产用水，整体的水耗水平较低。

6.2.3 能源利用现状

能源利用情况一般包括化石燃料和电力能源。乡镇工业园区不设置集中供热，且在现行环保政策下，除去零散的居民煤炭使用，工业企业也不具备集中使用燃煤的条件。作为相对污染较轻的替代品，天然气、轻质柴油、液化石油气等则成了主要的燃料型能源。其中生物质成型燃料由于获取便捷、价格低廉，成了乡镇工业园区的典型选择。

本研究区不实行集中供热，无燃煤使用。能源消耗主要以电能为主，辅以少量轻质柴油、生物质燃料和液化石油气。根据乡镇部门提供的数据，园区能源利用结构一览见图 6.2.1，园区能源结构较为单一，以清洁能源为主。

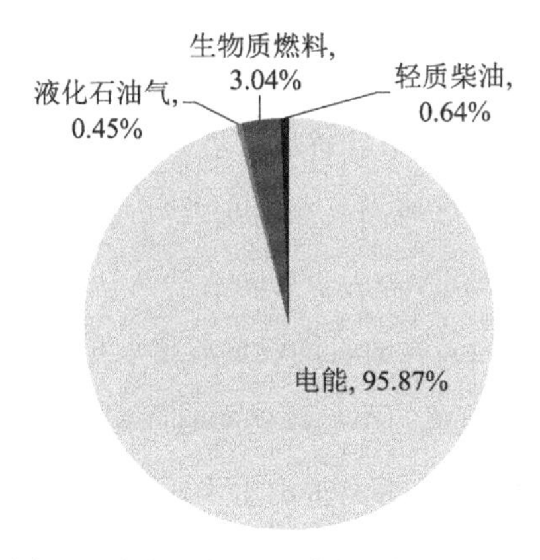

图 6.2.1 研究区 2020 年能源利用结构图

6.3 环境保护与基础设施建设现状

6.3.1 供水工程

经走访调查，研究区工业用水采用区域供水的方式，给水管网成环网布置，给水干管沿区内干道布置。

6.3.2 排水工程

本研究区所在区域水系丰富，雨水通过市政雨水管网汇入周边水体沟渠，污水工程依托园区规划范围内的镇区污水处理厂集中处置。

研究区污水厂在性质上属于城镇污水处理厂，兼顾处置区域内的少量工业污水，其工业污水接管比例设计值为10%。接管标准参考《城市给水排水设计手册》的规定和国内同类型城镇污水处理厂的实际进水水质综合确定，出水则执行《城镇污水处理厂污染物排放标准》(GB 18918—2002)一级A标准要求。

根据现场走访和资料对接，本研究区南片区所有企业废水均实现接管，北片区则尚未完成污水管网布设。该区域尚有2家企业分布，其无工业废水产生，生活污水经厂内化粪池处理后绿化肥田。

镇区污水处理厂总进水口及排放口均设置有废水在线监测，监测指标包括废水流量、COD、pH、总氮、总磷、氨氮。在线数据实时联网至所在地级市污染源监管平台。2021年进出水水质数据显示，各月进出水水质均能满足污水处理厂的进出水水质标准要求，污水厂运行稳定。但同时可见，污水处理厂日接管水量较大，几近满负荷运行。

早期乡镇建设缺少统一规划，部分低污染、劳动密集型企业直接设置于居住区附近，在镇区存在企业、居民住宅混搭的情况。本研究区污水处理厂在处置镇区居民生活污水的同时，也对镇区范围内的工业企业废水实行接管。该污水处理厂在接管工业集聚区、镇区工业企业工业废水后，其工业废水实际接管比例已超过10%。但由于镇域范围内工业企业生产废水产生量较少，主要为职工生活污水，废水各项污染物浓度较低且污染物单一，故现阶段污水处理厂运营尾水仍能维持稳定达标现状。

考虑到研究区工业集聚区未来的规划发展需求，建议环保管理部门加大日常排查管理力度，监督企业污水预处理设施的正常运行，严禁工业废水偷排漏排行为。现有区内企业加强废水回用，杜绝雨污混排，减少废水排放，特别是针对纺织服装行业中的喷水织机应要求其做到90%以上的废水回用率。由于现阶段镇区污水处理厂已满负荷，故所有新进企业应自行配备废水回用设施，在污水处理厂扩建或者技术改造之前，原则上不得外排废水。同时，镇区污水处理厂可视园区实际发展趋势，适时进行阶段性扩建工程，完善废水处理工艺，以满足区域未来发展要求。

6.3.3 供电工程

园区电力由镇区变电所提供配电电源，高压线沿两条主干道路架设，经变压器调压后输入各个厂区。现状变压器架空设置，高压线路架设规整，但低压线路杂乱。

6.3.4 电信工程

镇区内通信线路均为电缆架空设置，实现了各厂区的线路连通。但缺少线路规划，道路两侧均有线路安排，不够整合；设杆间距远、线路繁多、视觉环境差。电话普及率低，布线混乱。光纤网络的发展速度滞后于市场的需求。

6.3.5 环卫工程

园区内现有环卫设施建设相对落后，园区内除零星垃圾收集桶外，未建设专门环卫设施。

6.4 环境质量现状及回顾性评价

6.4.1 环境空气质量现状及回顾性评价

6.4.1.1 空气质量达标区判定

根据研究区所在地级市公布的2020年度环境状况公报，2020年全市环境空气优良天数达268天。CO、NO_2、PM_{10}、SO_2全部达标，$PM_{2.5}$、O_3超标。根据《环境影响评价技术导则 大气环境》(HJ 2.2—2018)中的评价依据，判定该区域不达标。

经查，本书研究乡镇工业集聚区所在镇区设置有大气自动监测预警站，距离园区南片区边界最近处约0.19 km。根据年度数据统计显示，2021年园区区域环境空气中SO_2，NO_2年均值，CO 24小时平均值，PM_{10}年均值、日均值第95分位质量浓度均达到环境空气质量二级标准；$PM_{2.5}$年均值、日均值第95分位质量浓度，O_3 8小时平均第90分位质量浓度超过环境空气质量二级标准。故园区所在区域$PM_{2.5}$、O_3超标，判定为非达标区。

6.4.1.2 环境空气质量现状监测

1. 监测点位布设

研究区所在区域主导风向为东南风，次主导风向为东北风。除引用镇区大气自动监测站在线数据反映区域环境空气质量之外，根据乡镇工业集聚区所在区域风向特征及周边敏感保护目标分布情况，兼顾均匀性的原则布点，共布设3个大气环境现状补充监测点。考虑到园区现有企业及规划主导产业污染因子较为单一，环境空气监测因子确定为SO_2、NO_2、$PM_{2.5}$、PM_{10}和非甲烷总烃。

2. 监测频率

采样频次：连续监测7天，其中SO_2、NO_2、非甲烷总烃小时平均浓度每天监测4次(应至少获取当地时间02、08、14、20时4个小时质量浓度值各一次)，每次采样时间不少于 45 分钟；SO_2、NO_2、PM_{10}、$PM_{2.5}$ 日平均浓度每天监测 24 小时。监测时同步测量气温、气压、湿度、风向、风速等气象参数。

3. 监测结果统计与评价

本次环境空气质量现状评价结果见表 6.4.1。评价结果表明：监测期间，G1、G2、G3 监测点 $PM_{2.5}$ 指标日均浓度，G1 点位 PM_{10} 指标日均浓度存在超标情况。其他各项因子的小时值、日均值均能达到《环境空气质量标准》(GB 3095—2012)二级标准要求和《大气污染物综合排放标准详解》的标准要求。对照规划区上风向镇区大气自动监测站年度监测数据结果，可发现上风向大气自动监测站两项颗粒物指标也呈现整体超标情况，且现状调查补充设置的 3 个监测点位数据之间无明显差异。因此，分析本次监测结果超标可能与所在地级市及区域周边大环境的颗粒物背景浓度较高有关。

表 6.4.1 大气监测结果统计表

采样点	项目	小时浓度			日均浓度		
		范围(mg/m^3)	污染指数	超标率(%)	范围(mg/m^3)	污染指数	超标率(%)
G1	SO_2	0.008～0.025	0.016～0.050	0	ND	—	—
	NO_2	0.030～0.046	0.150～0.230	0	0.016～0.018	0.2～0.225	0
	PM_{10}	—	—	—	0.038～0.160	0.253～1.067	14.29
	$PM_{2.5}$	—	—	—	0.029～0.079	0.387～1.053	28.57
	非甲烷总烃	0.40～0.58	0.20～0.29	0	—	—	—
G2	SO_2	0.008～0.022	0.016～0.044	0	ND	—	—
	NO_2	0.030～0.049	0.150～0.245	0	0.016～0.018	0.2～0.225	0
	PM_{10}	—	—	—	0.043～0.149	0.287～0.993	0
	$PM_{2.5}$	—	—	—	0.030～0.094	0.400～1.253	0.075
	非甲烷总烃	0.40～0.58	0.20～0.29	0	—	—	—

续表

采样点	项目	小时浓度			日均浓度		
		范围(mg/m³)	污染指数	超标率(%)	范围(mg/m³)	污染指数	超标率(%)
G3	SO_2	0.008～0.020	0.016～0.040	0	ND	—	—
	NO_2	0.032～0.046	0.160～0.230	0	0.017～0.018	0.2125～0.225	0
	PM_{10}	—	—	—	0.041～0.117	0.273～0.780	0
	$PM_{2.5}$	—	—	—	0.021～0.080	0.280～1.067	14.29
	非甲烷总烃	0.40～0.59	0.20～0.295	0	—	—	—

注：ND表示未检出。

6.4.1.3 环境空气质量回顾性分析

由于研究区所在镇区大气自动监测站建成投运时间较短，无足够样本以支撑对比分析。本次环境空气质量回顾性评价引用2017—2021年近5年地级市国控监测站点各因子自动监测数据以评价研究区所在区域环境空气质量变化情况。根据该站点年均值统计资料分析发现，$PM_{2.5}$和PM_{10}近年来年均值持续超标，见表6.4.2。

表6.4.2 研究区所在地级市某国控大气站点2017-2021年年均浓度一览表

时间	SO_2 (μg/m³)	NO_2 (μg/m³)	PM_{10} (μg/m³)	$PM_{2.5}$ (μg/m³)	CO (μg/m³)	O_3 (μg/m³)
2017年	14.989	35.581	84.452	57.608	1.063	119.156
2018年	9.681	34.501	81.835	55.555	1.065	108.985
2019年	8.208	29.394	83.419	51.306	0.806	107.888
2020年	6.549	24.825	72.448	46.792	0.699	106.309
2021年	6.450	24.450	72.400	39.396	0.593	107.324
评价标准	60	40	70	35	—	—

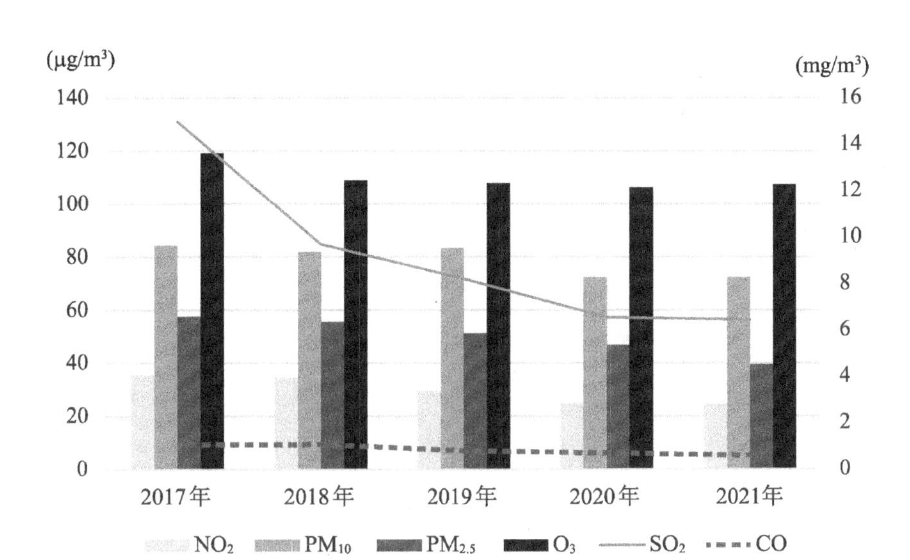

图 6.4.1 区域大气环境质量年均浓度变化图

从图 6.4.1 近 5 年的变化趋势可见，SO_2、NO_2、CO、$PM_{2.5}$ 四项因子基本呈逐年下降的趋势；PM_{10}年均浓度早年存在一定波动，但近两年基本稳定在 70 μg/m³ 上下。近 5 年 O_3的年均浓度走向呈下降的态势，近 3 年趋于平稳。尽管 $PM_{2.5}$、PM_{10} 仍有超标情况，但整体形势趋于好转。结果表明，区域环境治理有所成效，环境质量整体有所好转。

乡镇工业集聚区由于体量小、企业规模小，对区域整体环境质量的影响有限。以本研究区为例，现有及规划主导产业涵盖建材、纺织服装、农副产品加工等，产业涉及废气污染物主要有颗粒物、VOCs、少量燃料产生的氮氧化物及 SO_2。根据研究区镇区大气自动监测站以及所在地级市最近国控大气站点数据显示，区域环境空气中颗粒物浓度较高，环境空气容量有限。针对上述环境问题，研究区需要配合区市环境主管部门，对照区域大气环境质量限期达标规划、“十四五”生态环境保护规划相关要求，强化园区前期项目入区审查和后期环境管理工作。区市环境主管部门则应强化对重点行业、企业管理，点面结合，加强区域协调管理，落实大气污染防治工作，改善环境空气质量。

6.4.2 地表水环境质量现状及回顾性评价

6.4.2.1 地表水环境现状监测

1. 监测点位及项目

研究区现有及规划产业企业废水不涉及高毒性、难降解污染物，污染因子成分相对单一。同时参考上轮规划阶段的现状监测因子，除苯系物外，不再额外补充特征因子。故环评地表水现状监测在区域纳污水体及污水处理厂排口上下共布设 3 个监测断面。连续监测 3 天，每天 1 次。具体见表 6.4.3。

表 6.4.3 地表水环境质量监测布点及监测因子

编号	河流	监测点布设位置	监测因子
W1	纳污水体	污水处理厂排口上游 500 m	pH、水温、悬浮物、COD、NH_3-N、石油类、BOD_5、总磷、粪大肠菌群、苯系物（苯、甲苯、乙苯、间，对-二甲苯、邻二甲苯、苯乙烯）、挥发酚
W2		污水处理厂排口处	
W3		污水处理厂排口下游 500 m	

2. 监测结果统计与评价

规划环评地表水环境质量现状评价监测结果显示，纳污水体各项监测因子均能达到《地表水环境质量标准》(GB 3838—2002) Ⅲ类水质标准要求，区域周边水环境质量整体较好。

6.4.2.2 地表水环境质量回顾性分析

回顾性分析，优先引用区域在线监测站点或例行的环境质量监测数据进行分析。由于本研究区周边无地表水国考、省考监测断面，亦未开展园区例行环境监测，为反映规划区域地表水环境质量变化趋势，本轮评价选取上轮园区规划环评阶段地表水监测数据平均值进行对比分析，如表 6.4.4 所示。

表 6.4.4 两轮规划环评地表水环境质量对比

单位：mg/L

项目	监测断面	COD	BOD_5	悬浮物	氨氮	总磷
本轮规划环评阶段	W1 污水处理厂排口上游 500 m	14.3	3.0	23	0.861	0.14
	W2 污水处理厂排口	15.0	3.4	23.7	0.895	0.153
	W3 污水处理厂排口下游 500 m	13.3	3.5	25	0.929	0.147
上轮规划环评阶段	W1 污水处理厂排口上游 200 m	24.0	5.6	19.7	0.546	0.08
	W2 污水处理厂排口下游 200 m	25.3	3.0	21.0	0.515	0.083
	W3 污水处理厂排口下游 1 000 m	25.0	3.0	18.7	0.522	0.097
（GB 3838—2002）Ⅲ类水体标准		20	4	30	1	0.2

根据表中数据可发现，两轮规划环评阶段地表水环境质量监测中，氨氮、总磷、悬浮物、BOD_5 均能满足《地表水环境质量》（GB 3838—2002）Ⅲ类水质标准要求。COD 方面，上轮监测数据未能满足Ⅲ类水质标准要求，本轮评价阶段 COD 指标显著下降，地表水环境质量得到改善。上轮规划环评现状调查中，镇区污水处理厂初步建成，尚处于调试阶段。近年来，随着区域水环境综合整治活动和污水工程管网的布设，包括对农村面源污染的管理、农村公厕新建、生活污水纳管、河道清淤整治等，水环境质量得到改善。但另一方面，由于镇区的发展，工业集聚区开发建设已形成一定规模，本轮监测显示地表水监测数据中氨氮、总磷指标较上轮调查阶段略有上升，但仍能满足相关地表水质量目标要求。区域主管部门应将开展水环境综合整治作为常态化工作，持续推进，确保地表水环境质量不下降。

6.4.3 地下水环境质量现状

本轮环评的地下水现状监测于规划范围工业用地及周边敏感目标共布设 3 个监测点，监测 1 天，采样 1 次。

监测项目包括地下水八大离子：K^+、Na^+、Ca^{2+}、Mg^{2+}、CO_3^{2-}、HCO_3^-、Cl^-、SO_4^{2-}；基本水质因子包括：pH、COD、氨氮、TP、溶解性总固体、氰化物、氟化物、硝酸盐氮、亚硝酸盐氮、硫酸盐、总硬度、氯化物、粪大肠菌群、挥发酚、六价铬、铁、锰、铅、铜、镍、镉、锌、砷、汞、石油类。

监测结果显示，各监测点位地下水环境质量现状各监测因子中，总硬度（D2、D3），氯化物（D1、D2），硫酸盐（D2），硝酸盐氮（D2），氟化物（D1）为《地下水质量标准》（GB/T 14848—2017）Ⅴ类地下水水质指标。其他各点位各项因子均能满足《地下水质量标准》（GB/T 14848—2017）Ⅳ类地下水水质以上标准要求。

由于地下水各项指标在一定程度上受区域整体背景值影响，因此在地下水环境质量评价中建议重点关注毒理性、重金属、有机物指标超标情况，针对感官性质及一般化学指标，结合区域背景值情况综合评价。本研究区位于苏北，参照区域水文地质情况，根据监测结果判断，研究区地下水环境质量较好。

6.4.4 土壤环境质量现状

土壤环境质量现状调查中，在园区内及周边敏感目标布设 3 个土壤采样点位，监测 1 天，采样 1 次。园区现有及规划产业不涉及额外特征因子，故监测因子主要围绕《土壤环境质量 建设用地土壤污染风险管控标准（试行）》（GB 36600—2018）表 1 中 45 项开展。即：

重金属和无机物（7 项）+ pH：汞、砷、铜、铅、镉、镍、铬（六价）、pH；

挥发性有机物（27 项）：氯甲烷、氯乙烯、四氯化碳、三氯甲烷、1，1 -二氯乙烷、1，2 -二氯乙烷，1，1 -二氯乙烯、顺- 1，2 -二氯乙烯、反- 1，2 -二氯乙烯、二氯甲烷、1，2 -二氯丙烷、1，1，1，2 -四氯乙烷、1，1，2，2 -四氯乙烷、四氯乙烯、1，1，1 -三氯乙烷、1，1，2 -三氯乙烷、三氯乙烯、1，2，3 -三氯丙烷、苯、氯苯、1，2 -二氯苯、1，4 -二氯苯、乙苯、苯乙烯、甲苯、间，对二甲苯、邻二甲苯；

半挥发性有机物（11 项）：2 -氯苯酚、硝基苯、苯胺、萘、苯丙[a]蒽、䓛、苯并[b]荧蒽、苯并[k]荧蒽、苯并[a]芘、茚并[1，2，3-cd]芘、二苯并[a，h]蒽。

检测结果显示，现状监测 3 个土壤点位，共检出 pH、重金属及无机物 7 项、挥发性有机物 12 项。评价区域内 T2 规划建设用地土壤各项监测指标均满足《土壤环境质量 建设用地土壤污染风险管控标准》（GB 36600—2018）中第二类用地筛选值标准要求。园区外，T1、T3 土壤各项监测指标均满足《土壤环境质量 建设用地土壤污染风险管控标准》(GB 36600—2018)中第一类用地筛选值标准要求。对照 3 个土壤监测点位结果，园区内 T2 点位各项因子指标相对 T1、T3 基本维持在同一水平。结果表明，区域土壤环境质量整体较好，规划园区内土壤未见明显污染。

6.4.5 声环境质量现状

根据当地有关地质地理资料，结合区域的环境现状，本评价共设 15 个噪声监测点。连续监测 2 天，昼间、夜间各进行一次监测。声环境监测结果表明，各监测点昼、夜监测值均满足《声环境质量标准》(GB 3096—2008)的相关标准要求。

6.4.6 小结

(1) 环境空气质量现状：监测期间，G1、G2、G3 监测点 $PM_{2.5}$ 指标日均值，G1 点位 PM_{10} 指标日均值存在超标情况。其他各项因子的小时值、日均值均能达到《环境空气质量标准》(GB 3095—2012)二级标准要求和《大气污染物综合排放标准详解》的标准要求。对照规划区上风向镇区大气自动监测站年度监测数据结果，可发现上风向大气自动监测站两项颗粒物指标也呈现整体超标情况，且设置的 3 个监测点位数据之间无明显差异。因此，分析本次监测结果超标可能与区域周边大环境的颗粒物背景浓度较高有关。

(2) 地表水环境现状：于纳污水体设置 3 个地表水监测断面，地表水环境质量现状监测各项监测因子均能达到《地表水环境质量标准》(GB 3838—2002)Ⅲ类水质标准要求，结果表明区域周边整体水环境质量较好。

(3) 地下水环境质量现状：环评布设了 3 个地下水监测点，监测点位各监测因子中，总硬度(D2、D3)，氯化物(D1、D2)，硫酸盐(D2)，硝酸盐氮(D2)，氟化物(D1)为《地下水质量标准》(GB/T 14848—2017)Ⅴ类地下水水质标准。其他各点位各项因子均能满足《地下水质量标准》(GB/T 14848—2017)Ⅳ类地下水水质及以上标准要求。由此可见，评价区域地下水环境质量较好。

(4) 土壤环境质量现状：环评布设了3个土壤监测点，评价区域内T2规划建设用地土壤各项监测指标均满足《土壤环境质量 建设用地土壤污染风险管控标准》(GB 36600—2018)中第二类用地筛选值标准要求。园区外，T1、T3土壤各项监测指标均满足《土壤环境质量 建设用地土壤污染风险管控标准》(GB 36600—2018)中第一类用地筛选值标准要求。对照3个土壤监测点位结果，园区内T2点位各项因子指标相对T1、T3基本维持在同一水平。结果表明，区域土壤环境质量整体较好，规划园区内土壤未见明显污染。

(5) 声环境质量现状：各监测点昼、夜监测值均满足《声环境质量标准》(GB 3096—2008)的相关标准要求。

6.5 污染源现状调查与评价

污染源现状调查部分，主要为了调查评价范围内主要污染源类型和分布、污染物排放特征和水平、排污去向或委托处置等情况，确定主要污染行业、污染源和污染物。该类现状调查，通常根据企业的监测监控体系和自行检测数据，结合项目环评、验收、上报的污染源排放清单、污染物普查数据等材料来确定。但乡镇企业由于环境管理上的欠缺，往往不具备对应的监测监控能力，甚至未开展足够频次的自行检测。因此该部分数据内容，实际操作中主要还是基于企业的项目环评及验收文件、产能情况等展开。实际排水量由于各家企业未配备在线监测，可参考污水处理厂管理人员运维经验确定。

6.5.1 废水污染源

研究区内企业主要排放的废水以生活污水为主，南片区内企业产生少量生产废水。生活废水经厂区自建化粪池预处理后接管，或直接接管至镇区污水处理厂处理。由于北片区尚未布设污水管网，两家企业生活污水通过自建化粪池处理后，用于厂内绿化肥田。

经过对镇区污水处理厂现场调查和人员访谈，了解到研究区内工业企业废水（含生活污水）实际接管约 90 t/d，工业集聚区外镇域范围内工业企业废水（含生活污水）接管量约为 250 t/d。

6.5.2 废气污染源

区内企业废气污染物排放量较少，主要为生产过程的粉尘和少量有机废气。其中涉及 VOCs 的排放主要来自鞋业制造企业热定型工序、非金属矿物制品企业覆膜烘干工序、化纤企业团粒工序及金属制品企业喷漆工序。

6.5.3 固废污染源

园区企业的工业固废主要为一般固废和少量危险固废，经调查，一般工业固体废物均得到综合利用或委托环卫部门清运，危险固废委托有资质单位处理。

6.5.4 碳排放现状

以 2020 年为基准年，根据研究区能源利用现状，主要调查内容包括企业能源结构及各种能源消费量、净购入电力，同时对园区移动排放源进行了调查。

重点行业建设项目碳排放按照《省生态环境厅关于印发〈江苏省重点行业建设项目碳排放环境影响评价技术指南（试行）〉的通知》（苏环办〔2021〕364 号）推荐的碳排放量计算方法。碳排放计算采用排放因子法，即选择相应活动水平数据并根据相应的排放因子和全球变暖潜势计算碳排放量，根据调查结果，分别计算能源活动排放、净购入的电力和热力排放、污水厌氧处理排放，具体计算公式如下：

$$AE_{总} = AE_{燃料燃烧} + AE_{工业生产过程} + AE_{净购入电力和热力} - R_{固碳} \tag{6.5.1}$$

式中：$AE_{总}$ ——碳排放总量（$t\ CO_2$）；

$AE_{燃料燃烧}$ ——燃料燃烧碳排放量（$t\ CO_2$）；

$AE_{工业生产过程}$ ——工业生产过程碳排放量（$t\ CO_2$）；

$AE_{净购入电力和热力}$ ——净购入电力和热力消耗碳排放总量（$t\ CO_2$）；

$R_{固碳}$ ——固碳产品隐含的排放量（$t\ CO_2$）。

1. 燃料燃烧的碳排放量

$$AE_{燃料燃烧} = \sum (AD_{i\,燃料} \times EF_{i\,燃料}) \qquad (6.5.2)$$

式中：i ——燃料种类；

$AD_{i\,燃料}$ ——第 i 种燃料燃烧消耗量(t 或 kNm^3)；

$EF_{i\,燃料}$ ——第 i 种燃料燃烧二氧化碳排放因子（$t\ CO_2/t$ 或 $t\ CO_2/kNm^3$），现有项目优先采用实测数据，拟建项目优先采用设计燃料折算值，没有实测数据/折算值的，参照相应行业《温室气体排放核算方法与报告指南(试行)》或《温室气体排放核算与报告要求》中推荐值计算。

2. 工业生产过程的二氧化碳排放量

根据对应行业的《温室气体排放核算方法与报告指南(试行)》或《温室气体排放核算与报告要求》中方法进行计算。其中钢铁、水泥和煤制合成气项目工艺过程二氧化碳源强按《关于开展重点行业建设项目碳排放环境影响评价试点的通知》(环办环评函〔2021〕346 号)中的推荐方法核算。

3. 净购入电力和热力碳排放量

建设项目净购入电力和热力碳排放量($AE_{净购入电力和热力}$)计算方法见公式(6.5.3)：

$$AE_{净购入电力和热力} = AE_{净购入电力} + AE_{净购入热力} \qquad (6.5.3)$$

式中：$AE_{净购入电力}$ ——净购入电力消耗碳排放量（$t\ CO_2$）；

$AE_{净购入热力}$ ——净购入热力消耗碳排放量（$t\ CO_2$）。

其中，净购入电力消耗碳排放量($AE_{净购入电力}$)计算方法见公式(6.5.4)：

$$AE_{净购入电力} = AD_{净购入电量} \times EF_{电力} \qquad (6.5.4)$$

式中：$AD_{净购入电量}$ ——净购入电力消耗量(MWh)；

$EF_{电力}$ ——电力排放因子（$t\ CO_2/MWh$），根据最新数据，江苏为0.682 9 t

CO_2/MWh。

其中，净购入热力消耗碳排放量（$AE_{净购入热力}$）计算方法见公式(6.5.5)：

$$AE_{净购入热力}=AD_{净购入电量}\times EF_{热力} \tag{6.5.5}$$

式中：$AD_{净购入电量}$——净购入热力消耗量(GJ)；

$EF_{热力}$——热力排放因子（$t\ CO_2/GJ$），优先采用供热单位提供的实测数据，没有实测数据的按 0.11 $t\ CO_2/GJ$ 计。

4. 固碳产品隐含的碳排放量

建设项目固碳产品隐含的碳排放量（$R_{固碳}$），具体见公式(6.5.6)：

$$R_{固碳}=\sum(AD_{i\,固碳}\times EF_{i\,固碳}) \tag{6.5.6}$$

式中：i——固碳产品的种类(如粗钢、甲醇等)；

$AD_{i\,固碳}$——第 i 种固碳产品的产量(t)；

$EF_{i\,固碳}$——第 i 种固碳产品的二氧化碳排放因子(CO_2/t)，粗钢为 0.015 4 $t\ CO_2/t$，甲醇为 1.375 $t\ CO_2/t$。

5. 工业废水厌氧处理 CH_4 排放

参照《工业其他行业企业温室气体排放核算方法和报告指南(试行)》，具体见公式(6.5.7)：

$$E_{CH_4}=(TOW-S)\times EF_{CH_4}/1000 \tag{6.5.7}$$

式中：E_{CH_4}——工业废水厌氧处理的 CH_4 排放量(t)；

TOW——工业废水中可降解有机物的总量，以化学需氧量(COD)为计量指标(kgCOD)；

S——污泥方式清除掉的 COD 量，如果企业没有统计，则应假设为零(kgCOD)；

EF_{CH_4}——工业废水厌氧处理的 CH_4 排放因子($kgCH_4/kgCOD$)；

CH_4——全球变暖潜势值为 21。

参照上述要求，计算得到研究区 2020 年碳排放情况如表 6.5.1 所示。

表 6.5.1　园区 2020 年碳排放总量表

排放类型	碳排放量（t CO_2）	占比(%)
重点企业	0	—
其他企业	10 046.90	97.33
污水源	93.38	0.90
移动源	181.97	1.76
合计	10 322.25	100.00

6.5.5　典型企业污染防治落实情况

为展示研究区现有企业污染防治能力，了解其三废治理水平，探索潜在污染防治措施提升整改空间。该部分对区内企业根据产品、工艺进行了产业分类，以家居用品、建材类、农副产品加工、纺织制品及服装和化纤产业为典型，进行分类说明。

根据现场踏勘及资料收集，研究区内现有典型企业生产工艺流程举例如下：

6.5.5.1　家居用品

区内某家居用品企业现有产品涉及切割类、浇筑类两条产品生产线。

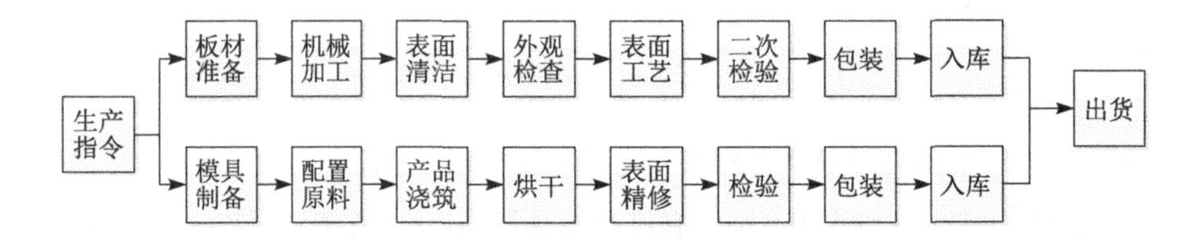

图 6.5.1　区内某家居用品企业生产工艺流程图

厂区生产过程中生产水回用生产不外排，仅涉及生活污水，通过市政管网排放至镇区污水处理厂集中处理。废气方面，切割线涉及激光印刷机印刷工序，少量油墨废气通过烟气净化机处理在厂房内无组织排放。工艺流程如图 6.5.1 所示。

6.5.5.2 建材类

区内某建材企业主要从事水泥预制构件的生产。项目工艺路线主要有钢筋笼制造、搅拌、浇筑成型、蒸汽凝固、成品脱模等生产工序，如图 6.5.2 所示。主要原辅料为水泥、黄沙、石子和水，于模具内浇筑后，需要蒸汽烘干来凝固。厂区自建生物质锅炉供热，锅炉废气经布袋除尘设备除尘后，通过 15 m 排气筒排放。生物质燃料燃烧炉渣外售用于肥田。厂区生产过程中无其他工艺废气，蒸汽冷凝水回用于生产。生活污水接管镇区污水处理厂处理。

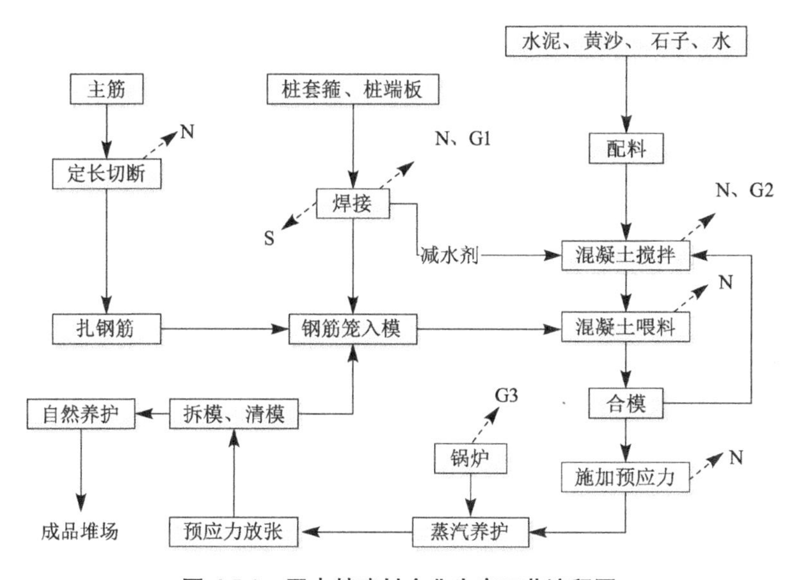

图 6.5.2 区内某建材企业生产工艺流程图

6.5.5.3 农副产品加工

研究区内现有企业中农副产品加工企业发展势头较好，为园区产值贡献最大行业，具有工艺成熟、产污少的特点。以区内某大米加工企业为例简单介绍其工艺（如图 6.5.3 所示）及污染防治措施落实情况。

（1）稻谷送入钢板仓后经提升机提升至操作平台，进入圆筒筛筛出稻草等较大的杂物。振动筛进一步去除稻谷中的杂质。

(2) 去除杂质后的稻谷通过砻谷机去除谷壳然后进入谷糙分离机，谷糙分离机主要是分离糙米和稻谷，稻谷重新回到砻谷机加工，糙米进入碾米机进行打磨，使米粒和谷壳完全分离。

(3) 利用分级筛分级，色选机色选，抛光机抛光。最后进行配米和自动称量打包。

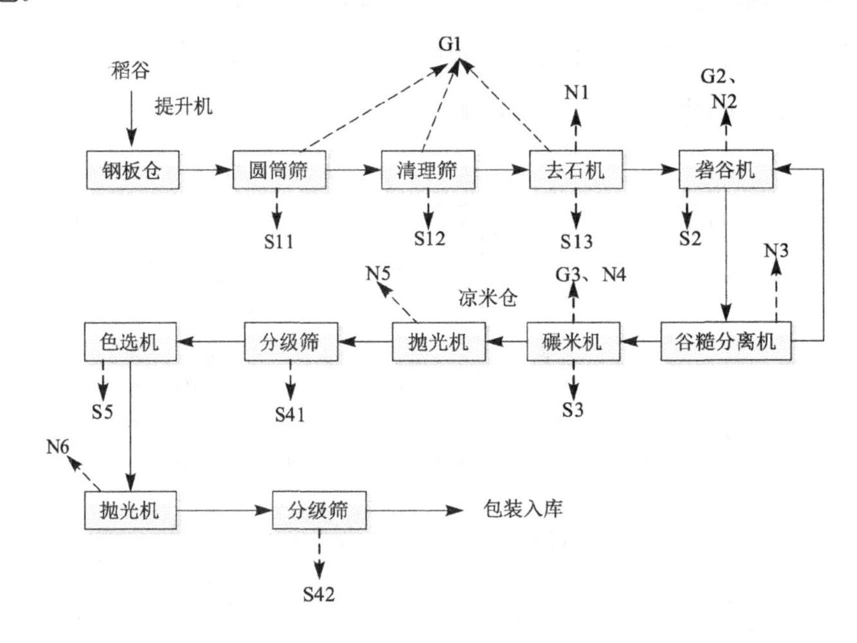

图 6.5.3　区内某大米加工企业生产工艺流程图

厂区废气污染物主要来自去杂工段、砻谷机脱壳工段和碾米机碾米工段产生的粉尘，产生的粉尘废气经脉冲除尘器除尘后，通过排气筒分别排放。生产过程中无工艺废水，仅涉及职工生活废水，生活废水经管网排放至镇区污水处理厂处理。

6.5.5.4　纺织制品及服装

区内某纺织制品企业主要产品为腈纶纱，原料为外购棉条。经过破碎(即棉条经破碎机除去短绒及尘埃等)、粗纱机、细纱机，逐渐拉细，加捻编制成一定粗细的棉纱。生产工艺较为简便，如图 6.5.4 所示，主要污染物为少量粉尘，于车间无组织排放，无工艺废水。

6.5.5.5 化纤

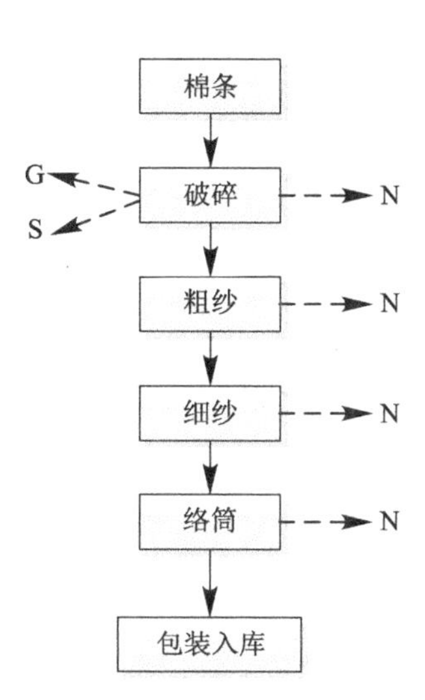

图 6.5.4 区内某纺织制品企业生产工艺流程图

区内某化纤企业主要从事化纤制品生产同，其工艺流程如图 6.5.5 所示：

(1) 人工精选分类：采用人工方式对原料进行挑选，去除原料中的废料；

(2) 清洗：部分涤纶废丝清洗。清洗废水排入厂区污水处理设施处理后回用于生产，并根据需要定期补充水量；

(3) 风干：用脱水机对冲洗后的涤纶废丝进行脱水，脱水机排出的水进入污水处理池回用；

(4) 机械切碎：将涤纶边角布料和清洗后的涤纶废丝使用粉碎机切成小块；

(5) 团粒：切碎后的涤纶废布和脱水后的涤纶废丝进入团粒机进行团粒；

(6) 包装、入库：产品经包装后送至成品库。

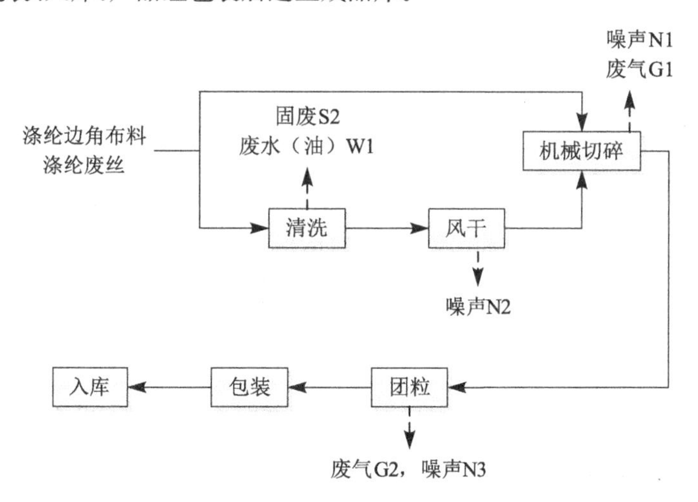

图 6.5.5 某化纤企业生产工艺流程图

生产中废丝清洗废水经厂区污水处理后，回用于生产，不外排。厂区生活污水经化粪池预处理后接管至镇区污水处理厂处理。破碎、团粒工序废气收集后经“过滤器+喷淋塔+UV光解+活性炭吸附”处理后通过15 m排气筒排放。

6.6 环境管理现状

乡镇工业集聚区的建设和发展，为以传统农业为主的农村地区发展做出了巨大贡献，形成了乡镇特色的工业文明。随着社会经济发展方式的转变，乡镇园区的发展遇到了诸多问题和局限。除去上文提到的乡镇工业集聚区在园区定位、产业规划等方面的局限，乡镇工业集聚区在环境管理上也面临很多问题。

1. 有关管理制度及法规建设不完善且相对滞后

多数乡镇工业园在建立初期，由于经验不足，没有建立较为完善的管理制度和法规就匆匆上马，导致后续园区发展过程中一旦出现某些问题想要解决时，却发现“无制可依”“无法可依”。虽然大多数工业园区在企业入园审批制度、企业入园准入标准、企业排放监管制度等方面出台了相关规定，但依然不够完善，尤其是在企业强制退出制度上的建设相对滞后。

2. 对绿色低碳发展的认识不够

一方面，一些乡镇级政府在招商引资时，对低碳发展明显缺乏足够的认识，所以对于申请入园的企业没有进行非常严格的“环境评审”，使得一些高能耗、高排放、高污染的企业得以轻松入园，为后面的环境污染埋下了隐患。另一方面，园区内的企业对低碳发展的认识也明显存在偏差。因为这些企业规模普遍偏小，所以它们不愿意花费更多的成本进行排放物的处理。而且还有一些企业认为其规模小排放的污染物也少，不至于对环境造成破坏。殊不知，如果园区内所有企业的排放物都不经处理达标后进行排放，那么累积在一起对环境所造成的破坏是不可估量的。

3. 缺乏专职环保管理部门

乡镇工业园区环保管理主要由乡镇人民政府下设部门“兼职”开展。由于乡镇部门面对的基层工作本身涵盖面广，工作内容大，部门本身配备的工作人员数量有限。在乡镇园区日常环保管理工作中，企业档案管理、“一企一档”的建立、落实定期的日常环境监管、园区环境监测等方面与大型工业集聚区有明显差距，仍有较大的提升空间。

以本研究区为例，主要从环保制度执行、监测体系等几方面对研究区的环境管理现状进行介绍。

1）环保制度与执行情况

研究区对进区项目要求“先评价、后建设”，执行环境影响评价制度和“三同时”制度。现有企业中，有1家企业未履行环评手续，其他企业均已完成建设项目环境影响评价或登记备案工作，全区环评执行率为93.75%。未批先建案例发生，可能源于园区负责招商引资的经发部门与主管环保的生态环境建设局在项目入区及环保信息衔接上存在疏漏。

2）监测体系运行情况

环境质量监测计划主要是结合规划方案的具体情况和规划方案所在的区域，通过对不同功能区进行常规监测，了解区域环境的变化情况。主要包括地表水监测、地下水监测、大气监测、噪声监测、河流底泥监测和土壤监测。以便掌握规划方案实施前、后各主要环境要素的变化情况和规律。

评价范围内除镇区大气自动监测站外，目前未建立起日常监测制度和例行监测体系，评价范围内现状企业基本未开展日常例行监测，各环境要素监测主要以入驻企业环评阶段的本底监测和企业“三同时”环保竣工验收监测为主。

3）环境管理机构设置

乡镇人民政府下设生态环境和建设局、经济发展局、政治和社会治理工作局、农村工作局、综合行政执法局、民生事务局等部门。日常环境管理工作，由生态环境和建设局负责。部分区市及以上环保专项工作，由镇政府主要领导牵头形成环保工作专项负责小组，小组办公室设于生态环境和建设局。各部门及下级行政村主要负责人作为成员进行补充。

4）环境信访及投诉

研究区现有企业产污单一，污染程度小，无明显异味企业。多个产业属于劳动密集型，与镇区人民生计相关，两者黏性大。根据乡镇人民政府提供的信息，近年来无针对研究区产生的环境问题信访或投诉事件。

6.7 主要环境问题、制约因素及解决对策

为促进园区绿色低碳发展，根据导则要求，该部分主要根据现状调查结果，对照“三线一单”、最新环保政策等环境管理要求，分析园区产业发展和生态环境现状问题及成因，提出园区发展及规划实施需重点关注的资源、生态、环境等方面的制约因素，明确新一轮规划实施需优先解决的涉及生态环境质量改善、环境风险防控、资源能源高效利用等方面的问题。

结合乡镇园区的实际情况，具体从企业管理水平提升、区域环境质量、配套工程建设、产业布局现状等方面重点展开论述。

6.7.1 主要环境问题及解决对策

1. 研究区现存的主要环境问题有

(1) 区内企业环保管理水平较低、污染防治措施运维不畅。

① 园区环境监督于管理方面执行力度尚有缺失，现有 1 家企业缺少环评手续，存在未批先建的情况；1 家企业未完成排污许可证登记或申领工作。因早期项目环保审批要求不高或企业环保意识薄弱，区内多数企业未开展风险源调查或编制突发环境事件应急预案，未配置相应风险防范措施和应急物资；企业尚未配备专职或兼职环保员，环保材料管理混乱，厂区厂容厂貌有待改善。

② 污染防治措施缺乏定期维护保养，如活性炭未按要求定期更换；企业缺少环境监测计划，未定期开展污染源自行监测；部分企业生产粉尘通过无组织车间内排放，未进行收集、设置除尘措施。

(2) 研究区所在区域属于大气环境不达标区域，超标因子为 $PM_{2.5}$、PM_{10}。

镇区大气自动监测站数据显示，2021 年园区区域环境空气中 PM_{10}、$PM_{2.5}$、O_3 存在超标情况。现状监测数据显示，秋冬季监测期间 PM_{10}、$PM_{2.5}$ 日均值也存在超标，区域大气环境颗粒物容量有限。

(3) 污水工程管网布设不完善，研究区北片区企业尚无污水管网布设，企业废水无法接管，限制了涉废水企业入区和园区开发发展。

2. 主要环境问题解决措施

(1) 加强管理制度及法规的建设。加强低碳发展知识的宣传教育。园区主管部门要根据园区发展的实际，借鉴其他成熟乡镇工业园的有效做法，及时出台有关管理制度及法规，加强对入园企业的审批与监管，制订出规范的准入标准，对所有申请入园的企业一视同仁，对照标准进行审批；针对企业排放则要加强企业排放监管制度的建设，形成常规化、规范化的监管，对企业起到震慑作用；对排放不达标的企业则要加强企业强制退出制度的建设，一旦达到有关标准，则可依据制度要求企业强制退出。

适时淘汰技术设备落后陈旧、管理不善、环保意识落后的企业。同时适当支持生产技术、环境管理先进的优质乡镇企业的发展，促进行业良性发展。增加通过清洁生产审计和 ISO14000 认证的企业数量。加强政策引导、意识宣贯，强化对区内现有企业及后续入区企业的环境管理工作，确保入区企业环评率达 100%，重视竣工验收，杜绝久试不验、批建不符的情况。对于上述违规情况，实行限期整改。对难以完成环评工作及整改的企业坚决限期“关、停、并、转”。

园区各企业按规定设立环保工作机构，配齐环保工作人员，并明确其职能职责，定期组织实施环境应急演练，监督企业落实污染源自行监测。园区应加强与当地环境监测站合作，定期开展园区环境质量例行监测。环保主管部门(生态环境和建设局)可根据园区网格划分片区明确环保工作联系人，负责对对应网格片区环境污染、生态破坏和环境安全隐患等问题开展日常巡查监管，协助区内企业进行环保管理，及时发现、制止并上报环保违法行为，建立工作台账。

(2) 加强区内企业废气管理，提升环境空气颗粒物容量。为进一步削减粉尘排放量，区内颗粒物主要排放企业应加强对生产工序粉尘的收集、处理。加强对无组织粉尘的收集，优化废气治理设施，确保除尘效率处于行业先进水平。涉及上述污染物的拟入区项目，因按照最新环保管理要求，完善废气污染防治措施，减少粉尘至外环境的排放。

(3) 园区与相关部门协调推进园区污水管网布设工程，确保园区所有企业全部接管，为园区后续开发提供完善的环境基础设施。

6.7.2 发展制约因素及解决对策

(1) 镇区污水处理厂现状处于满负荷运行，对园区及镇区发展形成制约。

镇区污水处理厂处理对象为镇区生活污水和园区少量工业废水，其设计能力要求工业废水不超过10%。根据污水厂在线数据显示，现状污水处理已满负荷运行，且现阶段工业废水实际接管量超过工艺设计量，可视为镇区污水处理厂已无富余污水处理能力，制约了后期入园企业废水接管和镇区人口规模的扩大。

(2) 园区空间位置对园区后续发展及入区企业分布形成制约。

研究区南侧规划工业用地紧邻镇区，附近居民密集，北部规划区域与基本农田关系紧密。上述空间位置条件限制了园区入区企业类型，于上述区域边界不可布置污染较重的行业，且需设置一定的防护距离。

(3) 大气环境质量要求对区域发展引入产业形成制约。

所在区域大气 $PM_{2.5}$、PM_{10} 环境质量出现超标，可认定无环境空气容量，不利于园区引进颗粒物大排量行业。

(4) 部分企业与现阶段主导产业不符。

由于研究区发展需求、规划主导产业的变化，现有部分企业与本轮规划主导产业不相符，不利于形成入区企业产业集群效应和规模性产业链。

(5) 规划范围内用地现状仍有一般农用地，后期开发将被占据，可开发用地受限。一般农用地的用地性质将制约园区开发建设。

针对本次区域现有的规划建设存在的制约因素，本次评价提出如下对策措施，具体见表6.7.1。

表 6.7.1　园区制约措施及对策措施

序号	发展制约因素	对策措施
1	镇区污水处理厂现状满负荷运行，无法满足园区未来发展需要	园区应要求区内企业加强废水回用，建议对纺织服装产业的喷水织机废水要求实际回用率达到 90%以上，减少废水排放。企业内部做好雨污分流，杜绝雨污混排现象。园区引进企业时应对排水量设置准入门槛，禁止排水量大的项目入园。同时，在镇区污水处理厂进行扩建之前，要求新进项目自建废水处理、回用设施，废水不外排。污水处理厂可适时进行规模扩建，完善处理工艺，确保达标处置园区污水
2	研究区南侧规划工业用地紧邻镇区，附近居民密集，北部规划区域与基本农田关系紧密，上述空间位置条件对入区企业形成制约	园区内企业应严格落实污染控制措施，尽量降低大气和噪声污染的影响；园区对入区企业落实布局时，要求居住区、基本农田周边不设置高污染负荷企业，且应严格落实项目环评所计算的防护距离要求且适当种植绿化。工业企业强化源头污染控制，做好分区防渗，完善地下水、土壤污染监控，防止对农田产生不良影响。针对现有农副产品（粮食加工）企业，由于该行业对环境质量要求相对较高，建议在企业周边设置 50m 的卫生防护绿化带
3	区域环境空气 PM_{10}、$PM_{2.5}$ 超标，大气环境无容量	研究区所在区县、地级市已制定大气环境达标方案，应严格执行达标方案。管理部门对入区企业严格实行环境监督管理。为进一步削减粉尘排放量，区内颗粒物主要排放企业应加强对生产工序粉尘的收集、处理。鼓励纺织等无组织颗粒物排放企业对粉尘收集后，有组织排放。涉及上述污染物排放的新入区企业，应按照最新环保管理要求，完善废气污染防治措施，减少粉尘至外环境的排放
4	现有部分企业不符合园区本轮规划主导产业	园区在产企业整体产污较少，不涉及难降解高毒性污染物，且能耗较低。区内现有农副产品加工类产业，该类企业产污小、设备工艺成熟、经济占比高，为镇区传统优势产业，属于上轮规划主导产业。且与上位规划的产业发展引导理念相符，因此建议针对上述产业企业仍予以保留发展。园区做好日常管理，确保企业污染防治措施正常运行，污染物达标排放。针对其他不相符企业，落实环境管理，确保污染物达标排放，近期不得进行扩大规模建设或新增排污总量，远期园区可根据实际发展需求对其实施搬迁
5	规划范围内仍有一般农用地	一般农用地用地性质将限制园区开发建设。园区后续规划建设用地如需占用该部分区域，则需按照《中华人民共和国土地管理法》有关规定，办理农用地转用审批手续后，由人民政府自然资源主管部门核发建设用地规划许可证，方可进行建设

7

环境影响识别与评价指标体系构建

7.1 环境影响识别

7.1.1 环境质量影响识别

环境质量影响识别主要识别土地开发、功能布局、产业发展、资源和能源利用、大宗物质运输及基础设施运行等规划实施全过程的影响。分析规划开发活动对资源和环境要素、人群健康等的影响途径与方式及影响效应、影响性质、影响范围、影响程度等;筛选出受规划实施影响显著的生态、环境、资源要素和敏感受体,辨识潜在重大环境风险因子和制约区域生态环境质量改善的污染因子,确定环境影响预测与评价的重点。乡镇工业园区相对较为简单,但敏感目标多样,污染和生态破坏的方式有其本身特点,因此要根据这些特点来进行环境质量影响的识别。

1. 不利影响

根据规划分析,该集聚区建设发展的实施可能会带来区域环境质量的下降,主要表现在对大气环境质量和水环境质量的影响。园区位于镇区东北方位,属于城市主导风向的下风向,镇区主导风向的上风向。园区开发建设中不可避免地会对镇区环境质量造成一定的影响。尤其是在镇区所在区域及全市整体颗粒物环境容量较小的背景下。

2. 有利影响

园区依托现有优势基础企业，建设以发展新型纤维材料及纺织服装、先进机械装备制造和绿色建材为主的工贸新镇、生态宜居示范镇。且根据产业规划，园区主要引进产业污染较少，污染物排放系数较小。

园区规划采取有效的产业结构规划和污染治理措施，如污水处理厂纳污规模的扩大，开展区域水环境整治工作改善区域河道水质，对其达到相应水环境功能起到促进作用。

7.1.2 生态环境影响识别

1. 不利影响

随着园区的开发与建设，带来社会-经济-自然复合生态系统的变化。由此对陆域生态系统可能带来生态系统结构与功能变化：地表改造会改变原有土壤的物理结构和生态系统结构，水土保持功能和土壤对污染物的降解功能减弱，不透水面积扩张会影响区域环境水文过程。

此外，随着园区的建设，农用地缩减、绿地增加，随着用地性质的变化，造成的生物量损失主要表现为临时耕种作物的产量减少。

2. 有利影响

随着人工建筑的进一步优化与城市生态绿地的建设，城市景观将得到更大程度的丰富。至 2030 年，园区规划绿地与广场用地面积 1.92 ha，生态绿地的建设使城市生态环境得到一定程度的补偿。

规划拟通过建设农村分散式生活污水处理工程，对崇河进行疏浚等整治措施改善区域水体环境质量。确保河道水流畅通，提高河道自净能力。通过实施水体环境综合整治、河道生态修复等工程，增加区域水体自净能力，在一定程度上改善区域水环境。

7.1.3 自然资源影响识别

1. 不利影响

在本轮规划实施中，对自然资源产生的影响主要是对水资源和能源产生的影响。

区内可利用的水环境容量有限。随着区域进一步发展，工业废水、生活污水排入附近河道，如果不采取措施，可能会导致河道环境质量下降。此外，规划实施消耗更多的能源，对能源的使用造成压力。

2. 有利影响

根据产业规划及现有在产企业情况，园区企业整体耗水量及排水量较少。同时随着区域产业结构的不断优化调整、节能减排措施的实施和落实，园区有能力进一步减缓经济发展带来的水环境负荷，逐步改善区域水环境质量，使得地表水资源可完全满足规划用水量的需求。

园区主要能源需求为电能，以及少量液化石油气、生物质燃料和轻质柴油等。随着企业节能改造力度的加强、高能耗产能的淘汰整改，工业能源的利用效率将会得到提高。

通过对本规划的环境影响进行识别，建立规划要素与资源、环境要素之间的动态响应关系。采用矩阵法对规划的环境影响因素进行判别，本规划对区域环境的影响可从环境质量、生态环境、自然资源三个方面进行分析，具体环境影响识别见表 7.1.1。

表 7.1.1　本次规划实施环境影响识别表

规划要素		生态环境			环境质量			自然资源	
		生态系统结构功能	景观	生态功能区	大气	水	声	水资源	能源
用地布局规划	空间结构	－3L	＋1L	－1L	－2L	－3L	－1L	－2L	－2L
	绿地系统	＋1L	＋1L	—	＋1L	＋1L	＋1L	—	—
	水系规划	＋1L	＋1L	—	—	＋1L	—	＋1L	—
综合交通规划		—	—	—	－1L	—	—	—	—

续表

规划要素		生态环境			环境质量			自然资源	
		生态系统结构功能	景观	生态功能区	大气	水	声	水资源	能源
市政工程规划	给水工程	—	—	—	—	—	—	—	—
	污水工程	—	—	—	—	+1L	—	—	—
	电力工程	—	—	—	—	—	—	—	—
	环卫工程	—	—	—	—	+1L	—	—	—
环境保护规划		+1L	—	+1L	+2L	+2L	+2L	—	—

注:表中“+”表示有利影响,“-”表示不利影响;“S”表示短期影响,“L”表示长期影响;“3”表示重大影响,“2”表示中等影响,“1”表示轻微影响。

7.2 环境风险因子辨识

对涉及易燃易爆、有毒有害危险物质生产、使用、贮存等的产业园区,识别规划实施可能产生的危险物质、风险源和主要风险受体,辨识主要环境风险类型和因子,明确环境风险的主要扩散介质和途径。

7.2.1 危险物质识别

根据《关于进一步加强环境影响评价管理防范环境风险的通知》(环发〔2012〕77号)的要求,对规划区进行区域环境风险评价,旨在评价区域规划实施后潜在的环境风险、有害因素及其种类、可能性和程度,从中筛选出最大可信灾害事故及其源项,进行有代表性的事故后果计算,最终从环境保护的角度指出存在的环境风险问题,并提出合理可行的防范、应急与减缓措施,把环境风险尽可能降低至可接受水平,并为环境保护行政主管部门的风险决策提供依据。

本评价综合考虑已有企业生产过程涉及的风险物质和规划主导产业特点，列出了集中区内涉及的主要环境危险物质（表 7.2.1）及主要危险物质的理化特性和毒理性质（表 7.2.2）。判别的依据主要有：《建设项目环境风险评价技术导则》(HJ 169—2018)、《化学品分类、警示标签和警示性说明安全规范 急性毒性(GB 20592—2006)》、《危险化学品目录(2018 版)》等。

表 7.2.1 企业主要环境危险物质

序号	行业类别	危险物质
1	新型纤维材料及纺织服装	—
2	先进机械装备制造	氢氧化钠、盐酸、油漆、丙烯酸丁酯
3	绿色建材	天然气、柴油

7.2.2 环境风险类型识别

1. 区内工业企业

区内现状企业行业类别主要为农副产品加工、纺织服装、建材等，规划行业主要有新型纤维材料及纺织服装、先进机械装备制造、绿色建材等。个别企业存在不安全因素，在作业活动中，生产、储存和使用的危险物质多具有易燃、易爆、有毒有害、腐蚀性强等诸多危险特性。一旦操作条件变化，工艺过程受到干扰产生异常，或人为因素造成误操作，潜在的隐患就会发展成事故，对企业周边环境的危害较大。主要风险类型为火灾、爆炸、毒物泄漏。

2. 基础设施

污水厂：污水厂接管的废水有工业废水及生活污水，如果企业废水达不到接管标准或发生泄露，将影响污水厂处理效果，造成污水厂事故排放，对水环境特别是崇河造成污染。

天然气泄漏：天然气管道在运输或使用过程中发生泄漏或火灾爆炸，对周边环境造成不利影响。

表 7.2.2 主要危险物质理化特性

序号	物料名称	分子式	外观与性状	分子量	沸点(℃)	熔点(℃)	闪点(℃)	相对水密度	相对空气密度	燃烧性	稳定性	毒性终点浓度-1(mg/m³)	毒性终点浓度-2(mg/m³)	燃烧产物
1	盐酸	HCl	无色或微黄色发烟液体,有刺鼻的酸味	36.46	108.6	-114.8	—	1.20	1.26	不燃	稳定	—	—	—
2	氢氧化钠	NaOH	白色半透明,结晶状固体	40.00	1 390.0	318.4	176	2.13	—	不燃	稳定	—	—	—
3	氢氧化钾	KOH	白色晶体	56.11	1 320.0	360.4	—	2.04	—	不燃	稳定	—	—	—
4	柴油	—	稍有黏性的棕色液体	300.00~360.00	282.0~338.0	-18.0	55	0.87~0.90	—	易燃	稳定	—	—	一氧化碳、二氧化碳
5	丙烯酸丁酯	$C_7H_{12}O_2$	无色透明液体,有强烈的水果香味	128.12	145.9	-64.6	39	0.90	—	易燃	稳定	—	—	二氧化碳

续表

序号	物料名称	分子式	外观与性状	分子量	沸点（℃）	熔点（℃）	闪点（℃）	相对水密度	相对空气密度	燃烧性	稳定性	毒性终点浓度-1（mg/m^3）	毒性终点浓度-2（mg/m^3）	燃烧产物
6	甲苯	C_7H_8	无色透明液体，有类似苯的芳香气味	92.00	110.6	-94.9	4	0.87	3.14	易燃	稳定	14 400	2100	一氧化碳、二氧化碳
	邻二甲苯				144.4	-25.5	30	0.88	3.66	易燃	稳定			
7	间二甲苯	C_8H_{10}	无色透明液体，有类似甲苯的气味	106.00	139.0	-47.9	25	0.86	3.66	易燃	稳定	11 000	4 000	一氧化碳、二氧化碳
	对二甲苯				138.4	13.3	25	0.86	3.66	易燃	稳定			

7.2.3 环境风险源

根据《建设项目环境风险评价技术导则》(HJ 169—2018)中规定，计算所涉及的每种危险物质在厂界内的最大存在总量与其对应临界值的比值。

根据现有企业布局和实际生产所使用、产出的物料、中间产物以及主要的工艺设施和单元，对照《建设项目环境风险评价技术导则》(HJ 169—2018)要求，排查集中区内无较大、重大风险源。

7.3 环境目标及规划评价指标体系

本节要求衔接区域生态保护红线、环境质量底线、资源利用上线管控目标，考虑区域和行业碳达峰要求，从生态保护、环境质量、风险防控、碳减排及资源利用、污染集中治理等方面建立环境目标和评价指标体系，明确基准年及不同评价时段的环境目标值、评价指标值、确定依据，以及主要风险受体的可接受环境风险水平值。

以环境影响识别为基础，结合规划及环境背景调查情况、规划涉及的区域环境敏感目标，参考《国家生态工业示范园区标准》(HJ 274—2015)，《国家生态文明示范区操作规程》，《市场监管总局 生态环境部 住房建设部 水利部 农业农村部 国家卫生健康委 林草局 关于推动农村人居环境标准体系建设的指导意见》(国市监标技函〔2020〕207 号)，省、市、区“十四五”生态环境保护规划和经济发展纲要，结合全国环境优美乡镇考核标准指标体系，尤其是体现乡镇工业园特色和乡镇级别的环境指标，聚焦园区内的资源能源和环境污染控制与管理，考虑可定量数据的获取，同时根据乡镇工业园区的实际可操作性和对环境影响程度，从环境质量、资源利用、污染控制、环境风险防控、环境管理 5 个方面进行指标体系的构建，见表7.3.1。

表 7.3.1 规划的环境目标与评价指标

项目	环境目标	序号	评价指标	单位	现状值（2020 年）	目标值
环境质量	水环境质量得到提高和改善，逐步达到相应的水环境功能要求，地下水基本达到Ⅳ类及以上水平	1	区域环境噪声达标区覆盖率	%	100	100
		2	区内地表水优于Ⅲ类比例	%	100	100
		3	环境空气质量优良天数的比例	%	76.98	75
		4	地下水环境质量	—	基本达到Ⅳ类以上水平	维持现状水平
资源利用	缓解对土地、水资源等的压力，提高资源能源利用效率；完善清洁能源供给体系	5	工业用水重复利用率	%	—	达到行业先进水平，喷水织机废水回用率达到 90%以上
污染控制	工业废气全部达标排放，且符合总量控制要求。提高污水集中处理率，废水污染物达标排放，且符合总量控制要求；一般工业固废综合利用率逐步提高；危险固废全部安全处置；生活垃圾无害化处理率达到 100%。固废产生最小化	6	工业园区重点污染源稳定排放达标情况	%	—	达标
		7	工业废水集中收集处理率	%	86.67	100
		8	危险废物处理处置率	%	100	100
环境	建立环境事故风险防范体系，确保区域生态环境安全	9	工业园区内企事业单位发生特别重大、重大突发环境事件数量	—	0	0

续表

项目	环境目标	序号	评价指标	单位	现状值（2020年）	目标值
风险防控		10	重点企业环境突发应急预案编制、备案及演练	—	—	完善
		11	园区环境风险防控体系建设完善度	%	70	100
环境管理	提高区域环境管理水平；建立公平、共享的环境服务体系；促进社会、环境的可持续发展	12	环境管理制度与能力	%	80	100
		13	建设项目环境影响评价实施率	%	93.75	100
		14	建设项目“三同时”验收率	%	87.5	100
		15	工业园区重点企业清洁生产审核实施率	%	未开展	100
		16	污水集中处理设施	—	具备	具备

8 污染源预测分析

8.1 污染源预测思路

环境影响预测与评价的方式和方法可参考《环境影响评价技术导则 大气环境》(HJ 2.2—2018)、《环境影响评价技术导则 地表水环境》(HJ 2.3—2018)、《环境影响评价技术导则 声环境》(HJ 2.4—2021)、《环境影响评价技术导则 生态影响》(HJ 19—2022)、《环境影响评价技术导则 地下水环境》(HJ 610—2016)等环境影响评价技术导则执行。主要方法有类比分析、对比分析、负荷分析(估算单位国内生产总值物耗、能耗和污染物排放量等)、弹性系数法、趋势分析、系统动力学法、投入产出分析、供需平衡分析、数值模拟、环境经济学分析(影子价格、支付意愿、费用效益分析等)、综合指数法、生态学分析法、灰色系统分析法、叠图分析、情景分析、相关性分析、剂量-反应关系评价等。

不同于现有已成规模的工业园区,以本研究乡镇工业集聚区为例,其占地面积小,现有企业无特定产业关联性,不适宜进行产业分区;区内企业数量少,变动性大,现状排污系数不具有产业代表性等。综上,确定预测遵循如下原则:

(1) 在现状污染源统计分析的基础上,结合同类工业集中区类比排污系数进行污染源预测,主要参考区内现有产业的排污系数。按照用地类型,结合发展规划,同时参照其他类似工业集中区,确定单位面积的排污系数,预测区内污染物的产生量和排放量。

(2) 工业污染源预测：由于该类工业集聚区往往入区企业数量较少，企业样本小，产业关联度不高。区内企业以中小企业为主，受招商、环保管理政策影响，规划主导产业变动性较大，区内入驻企业产业类别杂乱。故参照已入区企业进行排污系数估算实际意义不强。针对该类园区，建议在参考入区企业排污系数的基础上，参考同类型工业园区。本书评价主要采用单位工业用地面积排污系数法进行预测。同时将拟引进企业作为点源进行预测。

(3) 污染物排放量在工业园区采取以下污染控制措施基础上进行预测：禁止自备燃煤锅炉，因工艺需要设置的新建加热炉必须使用燃气、轻油、电等清洁能源；不得新建生物质燃料锅炉。现有生物质锅炉，需配备除尘等废气处理设施，确保废气达标排放。区内所有企业工艺废气经处理后，达标排放；生产和生活废水全部进污水处理厂集中处理，达标排放；工业固体废物全部实现分类无害化处置。

8.2 水污染源预测

8.2.1 废水量预测

园区内企业生产废水较少，主要为生活污水。考虑到有规模的入区企业较少，仅排放生活废水，废水量与用工人员相关。且由于区内现有部分项目审批时间较早，环评设计阶段废水量核算不足以准确反映企业实际情况。因此，判断根据现有几家企业单位面积统计计算排污系数不具有代表性。综上分析，本评价结合现有企业并参考其他工业集中区确定区内单位面积排水系数。

1. 园区接管废水排放量预测

根据用地规划情况，规划工业用地 43.00 ha，由于园区发展规划未对各产业面积做具体规定，经与建设单位——乡镇人民政府沟通，初步确定园区内新增工业用地面积按照绿色建材∶新型纤维材料及纺织服装∶先进机械装备制造 = 3∶2∶1 分配，计算得到在园区开发建设后新增废水排放量为 6.58 万 t/a(180 t/d)，其中工业用地排水系数包含工业废水和生活污水。

2. 生活用水排放量预测

由于污水处理厂服务于镇区，主要负责生活污水的接管处置。人均生活用水量按 90 L/(人・d)计，人均生活污水排放量按用量的 80%计，根据乡镇总规预测的人口增量，则园区在规划实施后，生活污水排放量新增 7.88 万 t/a(216 t/d)，达到 39.42 万 t/a。

8.3 大气污染源预测

研究区距离乡镇区较近，不允许企业自建燃煤小锅炉。不得使用高污染燃料。园区内需要用热的企业应使用电能、天然气、太阳能、轻质柴油等清洁能源，不得引进新建生物质燃料项目。现有生物质锅炉需配备废气处理设施，以满足最新环保政策的排放要求。

新增工业用地根据所在园区，类比参考苏北同类园区的排放系数测算。规划产业定位以一类、二类工业为主，废气排放量较小，基本属于低矮源排放，统一按照面源对污染物排放源进行估算。

故本节对规划实施期末(2030 年)开发利用用地的燃料废气、工艺废气进行预测。

8.3.1 燃料废气预测

根据规划，园区服装纺织、建材生产由于工艺需要加热，加热温度较高，规划建议以天然气和电为主。规划期末，新增工业用地单位面积耗用天然气情况类比苏北同类规划区工业园实际情况，预测用气总量为 60 万 Nm^3/a，天然气燃烧污染物参照《环境保护实用数据手册》中 SO_2 1.0 kg/万 m^3、NO_X 6.3 kg/万 m^3、烟尘 2.4 kg/万 m^3计算。园区开发建设后燃料消耗量及燃烧废气各污染物量预测结果详见表 8.3.1。

表 8.3.1 规划实施后规划区燃料废气污染物预测量

规划期限	燃料消耗量	SO_2(t/a)	NO_x(t/a)	烟尘(t/a)
规划期末	60 万 m^3/a(折算成天然气)	0.06	0.378	0.144

8.3.2 工艺废气预测

各行业工艺废气排污系数根据入区企业特征,并参照同类规划区的环评资料、现阶段获批同类建设项目确定。按照不同行业,类比苏北其他同类型园区产业废气污染物排放情况,综合确定采用的单位面积污染物排放系数 F。具体见表 8.3.2。

表 8.3.2 规划区工艺废气估算系数

行业	污染物排放系数 F(t/a·ha)				
	颗粒物	VOCs(非甲烷总烃)	SO_2	NO_x	盐酸雾
新型纤维材料及纺织服装	0.10	0.05	—	—	—
先进机械装备制造	0.17	0.06	—	—	0.01
绿色建材	0.21	0.10	0.03	0.18	—

按照上述系数,根据规划用地情况,对规划区内工艺废气面源进行计算,规划实施后工艺废气污染源计算结果见表 8.3.3。

表 8.3.3 规划实施后工业园区新增工艺废气预测量

行业	面积(ha)	污染物排放量(t/a)				
		颗粒物	VOCs(以非甲烷总烃计)	SO_2	NO_x	HCl
新型纤维材料及纺织服装	6.08	0.608	0.304	—	—	—
先进机械装备制造	3.04	0.517	0.182	—	—	0.03
绿色建材	9.15	1.922	0.915	0.275	1.647	—
合计		3.046	1.401	0.275	1.647	0.03

8.4 固体废物产生量预测

8.4.1 一般工业固废和危险废物发生量预测

研究区规划排放的固体废物主要是工业固体废物（包括危险废物和一般工业固体废物）。

一般工业固废和危险废物发生量预测公式如下：

$$V_{工} = S_1 \times M \tag{8.4.1}$$

式中：$V_{工}$ ——预测一般工业固废和危险废物发生量（万 t/a）；

S_1 ——排放系数；

M ——工业用地面积（ha）。

因规划区内工业企业会随着工业区的发展进行产业升级，其排放的固体废物量也会随发展期限发生变动，本评价排污系数类比同类型企业的排污系数进行估算，规划实施后区内固体废物排放量见表 8.4.1 和表 8.4.2。

表 8.4.1 研究区规划内新增一般固废排放强度表

项目名称	新增用地（ha）	一般工业固废产生系数（t/a・ha）	一般工业固废产生量（t/a）
新型纤维材料及纺织服装	6.08	30	182.4
绿色建材	9.15	25	228.75
先进机械装备制造	3.04	15	45.60
合　计	18.27	—	456.75

表 8.4.2 研究区规划内新增危险固废排放强度表

项目名称	新增用地(ha)	危险废物产生系数[t/(a·ha)]	危险废物产生量(t/a)
新型纤维材料及纺织服装	6.08	0.05	0.304
绿色建材	9.15	0.10	0.915
先进机械装备制造	3.04	0.20	0.608
合 计	18.27	—	1.827

8.4.2 生活垃圾发生量预测

园区规划总人口为 2 698 人，生活垃圾按 1 kg/(人·天)估算，可得到规划园内生活垃圾年发生量为 98.5 万 t/a。

8.5 噪声污染源分析

园区规划实施后，规划区内的噪声污染源大体上分为工业噪声源、交通噪声源、生活噪声源三类。

工业噪声源主要是各生产企业生产设备噪声，声级值多在 75～105 dB(A)，主要分布在工业区；区内的社会生活噪声主要是区内工业企业职工生活噪声；源强多在 75～90 dB(A)，集中分布在厂区的宿舍区；区内的交通噪声主要是道路上行驶机动车产生的噪声，机动车行驶时的噪声源强多在 79～90 dB(A)。

9

规划区环境影响预测与评价

9.1 大气环境影响预测

如上文污染源强预测章节所述，不同于大型工业园区，乡镇工业园区在大气环境影响预测中，往往倾向于“化零为整”“化繁为简”。大气环境影响预测部分按照连续型面源方法进行预测，相对污染强度较大拟建企业采用点源方式进行污染源叠加。不过值得一提的是，如确是需要按照产业片区规划的乡镇园区，其在面源预测时，也需要根据产业面积和系数进行分区叠加预测。

根据《环境影响评价技术导则 大气环境》(HJ 2.2—2018)，大气环境影响预测的主要目标及重点在于：分析项目正常排放条件下，预测环境空气保护目标和网格点主要污染物的短期浓度和长期浓度贡献值，评价其最大浓度占标率。同时，叠加环境空气质量现状浓度后，判断环境空气保护目标和网格点主要污染物的保证率日平均质量浓度和年平均质量浓度的达标情况。

对于项目厂界浓度满足大气污染物厂界浓度限值，但厂界外大气污染物短期贡献浓度超过环境质量浓度限值的，可以自厂界向外设置一定范围的大气环境防护区域，以确保大气环境防护区域外的污染物贡献浓度满足环境质量标准。

本书预测采用导则附录A推荐模式中的AERMOD模式进行预测。

AERMOD是一个稳态烟羽扩散模式，可基于大气边界层数据特征模拟点源、面源和体源等排放出的污染物在短期(小时平均、日平均)、长期(年平均)的浓度分布，适用于农村或城市地区、简单或复杂地形。模式使用每小时连续预处理气象数据模拟大于等于 1 小时平均时间的浓度分布。AERMOD 包括两个预处理模式，即 AERMET 气象预处理和 AERMAP 地形预处理模式。AERMOD 适用于评价范围小于等于 50 km 的一级、二级评价项目。

AERMOD 考虑了建筑物尾流的影响，即烟羽下洗。AERMOD 特殊功能包括对垂直非均匀的边界层的特殊处理，对不规则形状的面源的处理，对流层的三维烟羽建立模型，对稳定边界层中垂直混合的局限性和对地面反射的处理，在复杂地形上的扩散处理和建筑物下洗的处理。

AERMOD 模型在稳定边界层(SBL)，垂直方向和水平方向的浓度分布都可看作高斯分布；在对流边界层(CBL)，水平方向的浓度分布仍可看作是高斯分布，而垂直方向的浓度分布则使用了双高斯概率密度函数(PDF)来表达，考虑了对流条件下下浮烟羽和混合层顶的相互作用，即浮力烟羽抬升到混合层顶部附近时，考虑了三个方面问题：①烟羽到达混合层顶时，除了完全反射和完全穿透之外，还有“部分穿透和部分反射”问题；②穿透进入混合层上部稳定层中的烟羽，经过一段时间之后，还将重新进入混合层，并扩散到地面；③烟羽向混合层顶端冲击的同时，虽然在水平方向也有扩散，但相当缓慢，一直到烟羽的浮力消散在环境湍流之中，烟羽向上的速度消失之后才扩散到地面；AERMOD 具有计算建筑物下洗的功能。

地理地形数据参数包括计算区域的海拔高度，土地利用类型。地形数据范围同预测范围，海拔高度由计算区域的遥感图像及数字高程 DEM(美国网站下载的“SRTM 90m Digital Elevation Data”)数据提取，分辨率为 90 m。因此，地表参数(反照率、波文比和表面粗糙度)选用相应的参数，如表 9.1.1 所示。

表 9.1.1　AERMOD 选用近地面参数

土地类型	反照率	波文比	表面粗糙度
农用地	0.280 0	0.750	0.072 5
城市	0.207 5	1.625	1.000 0

根据导则及技术规范要求，本研究区大气环境影响预测结论如下：

1. 小时浓度预测

规划实施后，排放的大气污染物在评价区域内，SO_2、NO_x、VOCs、PM_{10}、HCl 的最大小时平均浓度增值分别占评价标准的 0.269%、4.48%、0.396%、3.92% 和 0.332%。SO_2、NO_x、VOCs 在各监测点处的小时平均浓度最大贡献值，叠加监测期的最大监测浓度值后，均能达到相关标准要求，不会对监测点周围大气环境造成较大影响。

2. 日均浓度预测

区域排放的 SO_2、NO_x、VOCs、PM_{10}、HCl 最大日平均浓度增加值分别占评价标准的 0.056%、0.704%、0.075%、0.74% 和 0.062%。SO_2、NO_x、VOCs、HCl 4 项污染物叠加现状监测值后均可达标。此外，由于 PM_{10} 现状监测值已超标，叠加预测值后，未能满足环境空气质量标准二级标准。园区应加强对现状颗粒物的削减，限制颗粒物大排量项目入园。

3. 年均浓度预测

区域排放的大气污染物在评价区域内，各污染物年均最大落地浓度均可达标，其中占标率最大的为 PM_{10} 的 0.397%，各污染物年均浓度最大值占标率较小。表明区域污染物对周边环境影响较小。

4. 卫生防护距离设置

根据大气预测结果可知，规划远期园区中各污染物最大落地浓度均较小，最大落地浓度占标率较小。考虑到工业用地周边环境保护要求，同时参照园区内项目和相似园区卫生防护距离，建议本园区内其他工业用地根据项目实际情况设置卫生防护距离。针对现有农副产品（粮食加工）企业，由于该行业对环境质量要求相对较高，建议在企业周边设置 50 m 的卫生防护绿化带。

9.2 水环境影响分析

地表水环境影响预测分析内容根据影响类型、预测因子、预测情景、预测范围地表水体类别、所选用的预测模型及评价要求确定。预测内容主要包括：

（1）各关心断面（控制断面、取水口、污染源排放核算断面等）水质预测因子的浓度及变化；

（2）到达水环境保护目标处的污染物浓度；

（3）各污染物最大影响范围；

（4）湖泊、水库及半封闭海湾等，还需关注富营养化状况与水华、赤潮等；

（5）排放口混合区范围。

园区污水处理厂现阶段设计规模为 1 000 t/d，由于污水处理厂位于园区规划范围内部，故在接管量满足设计条件下，可引用污水处理厂环评报告表水环境预测结果：

污水受纳水体为小型河流，根据《环境影响评价技术导则 地表水环境》（HJ 2.3—2018）相关规定，本项目水环境影响预测采用完全混合模式进行。

污水处理厂正常运行情况下，处理达标的废水排入受纳水体后，完全混合断面的各污染物浓度均有一定幅度的提高，预测断面各项预测指标除 COD 外，均未超过地表水Ⅲ类标准。由此可见，在正常情况下，本项目污水排放对水质的影响较小。

在非正常情况下，未经处理达标的污水排入地表水后，预测断面各指标均超过地表水Ⅲ类标准，对地表水水质产生了较大的影响。因此，评价要求本项目建成营运后，需加强污水处理厂的管理和设备维护，严防污废水出现非正常排放。

由此可见，园区污水处理厂的建成能有效削减区域水污染物的排放，消除因大量污水未经处理直排附近河流造成的水质影响，对附近河流水质的改善作用明显。考虑园区所有外排工业废水均接管排入园区污水处理厂，后期污水处理厂如若进行扩建，其水环境影响结论应以扩建环评报告为准。

本书地表水环境质量现状监测结果表明，随着近年区域地表水环境综合整治和污水管网的布设，区域水环境质量较上轮规划阶段有明显改善。但根据污水厂目前实际的运行情况可知，现有废水设计处置能力已无法满足乡镇规划人口和园区后续企业入园的需求。园区应要求区内企业加强废水回用，建议对纺织服装产业的喷水织机废水要求实际回用率达到90%以上，减少废水排放。企业内部做好雨污分流，杜绝雨污混排现象。园区引进企业应对排水量设置准入门槛，禁止排水量大的项目入园。同时，在污水处理厂进行扩建之前，要求新进项目自建废水处理、回用设施，废水不外排。污水处理厂可适时进行规模扩建，完善处理工艺，确保能够达标处置园区的生产废水。

为保证污水处理厂尾水水质达标，改善区域水环境质量，除开展上述工作外，仍需制定区域水环境整治方案。

9.2.1 水环境整治方案和园区水环境影响分析

根据区域纳污水体水质监测结果，COD、BOD_5等因子满足《地表水环境质量标准》(GB 3838—2002)Ⅲ类水质标准要求，区域水环境质量较好。这可能是得益于近年来乡镇园区及周边污水管网工程的建设，以及区域地表水环境的整治工作。乡镇政府制定的区域地表水整治计划包括：

1. 推进农村污水接管、改造工程

镇区内排水近期采用雨污合流制，远期采用雨污分流制，污水进入污水处理厂经处理后排放，雨水就近排入水体。

规划村庄污水采用分散与集中处理相结合的方式，临近镇区的村庄污水纳入镇区污水收集处理系统集中处理，尾水经深度处理后用于再生水回用，其余就近排入水体；其他村庄因地制宜地采用简单处理(化粪池)或二级处理(一体化处理设施、污水资源化处理设施、高效生态绿地污水处理设施等)，相邻的村庄可以联合设置污水处理设施，处理后尾水用于农田灌溉或就近排入水体，污泥可结合农业生产予以利用。

对于各重点村、一般村，可以进行分区排水。拟对乡镇相对集中的行政村建设农村分散式生活污水处理站，合计建设农村分散式污水处理站6座，处理规模总计达2 000 t/d。在人口密度不大、水体农田吸纳能力容许的条件下，采取雨污合流制。由于各村主要污水以生活污水为主，生活污水经化粪池处理后方可排放。

2. 排查排污口

拟对纳污水体沿线排污口进行排查，拆除非法排污口，减少排入废水量，后期对河道进行疏浚整治，整治护坡，具体整治方案将结合河道现状，按计算结果确定。

农村分散式生活污水处理工程总规模达 2 000 t/d(73 万 t/a)，建成投运后，废水污染物 COD、SS、氨氮、TP 削减量分别为 175.2 t/a、131.4 t/a、19.71 t/a、2.92 t/a，具有明显的环境正效应，将进一步保证区内及下游的水质情况。

9.2.2 水环境影响评价小结

本书地表水环境质量现状监测结果表明，随着近年区域地表水环境综合整治和污水管网的布设，区域水环境质量较上轮规划阶段有明显改善。为保证尾水水质达标，改善区域水环境质量，除开展区内企业节水工作外，仍需制定区域水环境整治方案。拟通过建设农村分散式生活污水处理工程、对河道进行疏浚整治等措施改善区域水体环境质量。根据计算结果，这些措施落实后，废水污染物 COD、SS、氨氮、TP 与现状相比，分别削减 175.2 t/a、131.4 t/a、19.71 t/a、2.92 t/a，将有效减少纳污水体的废水量，水质将得到有效改善。园区规划产业污染较轻、废水量较少，在园区规划鼓励企业废水进行回用、园区废水实现回用和纳管后，对地表水外环境影响较小。

9.3 固体废物处理处置方式及影响分析

乡镇工业园区工业固废主要为一般固废和极少量的危险废物。一般固废中，生活垃圾依托市政环卫进行清运，其他工业固废主要为生产上的边角料或废下料，为实现经济化、资源化，一般以收集后外卖或厂家回收的方式进行处置。危险废物主要为废机油、环保设施产生的废活性炭，以及化学物料的包装桶、包装袋等。固废的环境影响主要集中在园区贮存环节。

固废对环境产生的影响主要表现在以下方面：

1. 临时存放可能产生的环境影响

固废的细微颗粒在临时堆放的过程中，若工程设施建设不够或不当，会因表面的干燥而引起扬尘，对周围的大气环境造成尘害。而某些固废中的有害物质会因风吹雨淋而散发出大量有毒气体。

临时存放点，也有可能由于雨水的浸淋，其渗出和滤沥液会污染土地，进而流入周围的河流，同时也会影响到地下水，造成整个周围地区水环境的污染。

固废及其渗出液接触到土壤，常会改变土质和土壤结构；也可能影响土壤中微生物的活动；阻碍植物根茎的生长；一些有毒物质会在土壤中积累造成土壤性质的变化、土地质量的下降。

2. 运输过程中产生的环境影响

运输过程中，如果密闭措施不好，以及交通运输的突发事故等原因，可能会产生扬尘及散发异味、废物抛洒滴漏，对沿途的环境造成一定的影响。

3. 危险固废的潜在影响

由于危险固废本身具有一定毒性和腐蚀性，因此它在临时存放、运输过程以及最后的处理过程中，由于一些突发事故的不可预见性和不可控制性，可能对周围的生态环境造成一定的影响，特别是对规划区的工作人员，以及对居民的健康造成影响，以至危害生命。

固体废物的收集处理处置方式主要包括以下内容：

1) 固体废物收集系统

(1) 生活垃圾收集。全部实施垃圾分类袋装化，根据垃圾的可否再生利用、处理难易程度等特点，进行分类装袋。在厂区、办公区设置专用垃圾收集房间和特定集装箱。

(2) 一般工业固体废物。该类固废应视其性质由业主进行分类收集，以便综合利用。可由获利方承担收集和转运，也可参考生活垃圾的收集。

(3) 危险固废。严禁随意堆放和扩散，首先要尽可能减少其体积，并放置于特定容器内。应由专业人员操作，单独收集和贮存。上述固体废物的收集容器、堆存场所都要严格防漏、防渗、防外溢、防雨淋,不得形成渗滤液等污染地下水。

2) 固体废物处理处置方案

(1) 一般工业固废。一般工业固废主要采用综合利用和安全处置的方式进行处理。

(2) 危险固体废物。危险固体废物具有危害性大、难以回收利用等特点,应作为固体废物控制中的重点。

加强预防措施:加强有毒有害化学品的申报登记,对收集、运输、贮存、处置等每一个环节都要有追踪性的账目和手续。要根据其毒性性质分类贮存,对有特殊要求的要特殊处理,禁止将其与一般工业固体废物混杂堆放,应建立专用贮存槽或仓库并密封保存,以避免外泄造成严重后果。集中收集处理,将规划区各类危险固体废物进行预处理后,分类收集,由专用运输工具运至有害固体废物处理场进行安全填埋或焚烧处理。

(3) 生活垃圾。城区规划范围内的生活垃圾污染控制可通过以下措施实现:减少生活垃圾的产生量;加强环卫力量,及时清运垃圾;建设垃圾中转站。

规划区的生活垃圾管理由环卫部门收集、转运。

9.4 噪声影响预测与评价

本评价分别就离道路 20 m 和 40 m 处的噪声进行了分析,夜间交通量按昼间的 60%计算。根据预测结果:在道路旁无任何声阻碍物(如绿化带)的情况下,所有道路两侧 20 m 范围内将超过国家夜间交通噪声标准,超出范围为2.21~20.63 dB(A)。道路两侧 40 m 范围内夜间交通噪声均超过国家交通噪声标准,超出范围为 0.76~8.82 dB(A)。一般交通噪声可能会造成道路两侧噪声超标,但根据同类区域的类比调查,道路两侧若建设 10 m 宽的松树或杉树林带可降低交通噪声 2.8~3.0 dB(A);若建设 10 m 宽 30 cm 高的草坪,可降低噪声 0.7 dB(A);单层绿篱可降低噪声 3.5 dB(A)左右,双层绿篱则可降低噪声 5 dB(A)。规划在道路两侧均实行绿化工程，如果在主要道路两侧建设 10～50 m 宽的立体防护绿化带，即可降低交通噪声 5～10 dB(A)；噪声降低 10 dB(A)，则昼、夜间所有道路两侧 40 m 外声环境质量将全部达标。

9.5 地下水环境影响分析

规划区监测结果表明，地下水大部分指标能达到《地下水质量标准》(GB/T 14848—2017)Ⅳ类标准，说明评价区域内地下水环境质量较好。说明园区地下水环境尚未污染。

园区给水规划采取区域供水管网，水源主要来自地表水，不取用地下水，对当地地下水的影响很小。

园区不设置危险废物填埋中心，园区内企业产生的少量危险废物主要委托有资质单位进行处理。

园区对涉及物料储存的室外设备区设置围堰、地面防渗和废水导流设施，工业区各入驻企业内设置固定固体废物堆放场地，进行地面防渗、配套防雨淋设施建设。在采取以上切实可行措施的基础上，工业区对地下水环境的影响较小。

为了防止规划区工业园区建成后，园区固废堆场、污水渗漏对地下水造成污染，规划要求采取以下地下水污染防治措施：

(1) 工业用地固废临时堆放点均按相关要求提高防渗等级，采取二层防渗措施，即在底层铺上 10 cm 厚的三合土层，其上采用水泥硬化抹面，防止灰渣贮存过程发生溢漏，造成堆积现象，导致地下水污染。

(2) 区内企业全部地面应采取地坪硬化防渗措施，并提高防渗等级，确保防渗系数小于 10～7 cm/s，杜绝淋滤水渗入地下。

(3) 规划区内企业工业废水和生活污水经厂区预处理后接管至污水处理厂进行处理。

(4) 规划工业区废水输送、排放管道、污水处理设施必须采取严格防渗措施，或管道采用地上形式敷设，并做好日常检查、维修工作，杜绝跑冒滴漏现象的发生。

(5) 企业厂区贮水池均应采用钢混结构，并进行防腐处理，保证其渗透系数小于 10～11 cm/s。

(6) 设置环保监测系统：地下水监控井。地下水监控井钻孔直到地下水位下 2 m，井深应满足渗水井管与约 2 m 深的含水层接触。监测井钻探完成后，安装一根封底的内径为 70 mm 的硬质 PVC 井管，硬质 PVC 井管由底部密闭、管壁可滤水的筛管、上部延伸到地表的实管组成。筛管部分表面含水平细缝，细缝宽为 0.25 mm。监测井的深度和筛管的安装位置由专业人员根据现场地下水位的相对位置及各监测井的不同监测要求综合考虑设定。监测井筛管外侧周围用粒径大于等于 0.25 mm 的清洁石英砂回填作为滤水层，石英砂回填至地下水位线处，其上部再回填不透水的膨润土，最后在井口处用水泥砂浆回填至自然地坪处。

(7) 危险废物临时堆放场所基础必须防渗，防渗层为至少 1 m 厚黏土层（渗透系数小于等于 10^{-7} cm/s），或 2 mm 厚高密度聚乙烯，或至少 2 mm 厚的其他人工材料，渗透系数小于等于 10^{-10} cm/s。

因此，从规划区地下水水质现状、供水规划及污染防治措施方面综合分析认为：规划区的建设不会影响区域地下水量、水质、水位及流场等。但是，为防止风险情况下地下水受到影响，建议长期跟踪观察和监测，一旦发生地下水污染，立即采取措施。

9.6 土壤环境影响分析

根据土壤环境质量现状监测，各监测点所测各项指标均满足《土壤环境质量 建设用地土壤污染风险管控标准（试行）》(GB 36600—2018）中相关要求。结果表明，区域土壤环境质量整体较好。

规划区在正常情况下对土壤环境基本无影响。只有当区内企业所使用的有毒有害原辅材料发生泄漏时会对泄漏点附近的土壤造成一定的影响，但是一般对周边的表层土壤影响很小。根据土壤环境质量现状监测，各监测点所测各项指标均未造成污染，现有项目未对土壤造成污染。类比同类型工业区，也基本无土壤污染。

规划区土壤污染防治应通过源头控制以及跟踪监测的方式随时发现、随时治理。土壤污染防治措施具体如下：

源头控制主要是：①限制国家禁止的排污类型的企业进入规划区，严格审批程序，控制入驻规划区的排污企业的排放方式以及排放量；②实施清洁生产和循环经济，减少污染物的排放量；③设计、管理各种工艺设备和物料运输管线，防止和减少污染物的跑冒滴漏；④合理布局，减少污染物泄漏途径。

跟踪监测主要是：规划区环境管理机构需要定期和不定期对规划区内的土壤质量进行监测，一经发现污染需查清主要污染源，并及时采取有效的方式治理。

9.7 生态环境影响分析

规划区建设对生态环境造成的主要影响是土地利用形态发生了改变，改变了原有的生态服务功能；排入环境中的各类污染物有较大增加，对区域的水环境、水生生态、底泥环境质量等造成不可避免的影响。但是，通过优化布局、环保基础设施建设、河滨水景观廊道和生态绿化的建设，可以将不利影响降低到最低程度。

绿地系统的建设和各类用地的绿化将在一定程度上减轻不利影响、恢复生物多样性。规划的绿地系统采用科学的立体栽培，形成多层次的绿化，可以充分利用立体空间。在居住小区和河流、道路两侧种植成片绿地，采用乔灌草相结合，并辅以一些观赏性树木，为居民提供休闲的去处。规划区绿地系统建设在很大程度上减轻了因工业建设造成的生物多样性和生物量的减少。

综上所述，规划区建设对区域生态结构、生态服务功能和生物多样性具有不可避免的影响，但通过合理的规划与建设能在很大程度上减轻不利影响，可以保证生态环境质量不降低。

9.8 社会影响分析

本小节，结合乡镇工业集聚区的实际特点，从拆迁安置，影响耕作，解决就业等方面对其建设发展中的社会影响进行分析。

9.8.1 拆迁安置

无论是乡镇还是大型工业园区，在开发建设过程中，由于用地规划的变动，不可避免地涉及拆迁问题。征地拆迁，是加速城镇化、工业化的必经之路，有利于改善民生、发展社会经济。但在实际工作中却常常成了引发公众矛盾纠纷、影响社会稳定的导火索。乡镇工业集聚区的拆迁同样面临以下问题：

(1) 民众、政府两者关于征地补偿标准确定的矛盾。随着社会进步与人民生活水平的提高，人民群众及被征地农民的法律意识逐步提高，维护个人利益的动机更强。被征地农民往往参照发达地区的征地补偿标准和政府招拍挂的价格来衡量征地补偿标准的高低，普遍认为现行土地补偿费、安置补助费偏低，要求提高征地补偿费用，造成征地协议和房屋拆迁签订难。

(2) 被征地民众个体情况与执行政策标准差异带来的矛盾。以乡镇园区为例，涉及征地拆迁的主要为农民，从事耕作劳动。被拆迁户主要劳动力的年龄、家庭人口数量等带来的家庭情况差异和复杂，导致拆迁安置具有多样性。此外，建设单位为促进度，使得拆迁安置中政策执行存在多变性，可能直接影响到拆迁工作的公正性。

(3) 拟征地抢种、抢栽、抢建问题。一是部分被征地村民大局意识不强，有的民众为在拆迁中获取更多的补偿利益，抢种抢栽，或不同程度地增加地面附属物、构筑物的数量(面积)，以套取国家补偿资金。二是村民在拟征土地上兴建过渡房，引发二次拆迁，给工作带来了很大难度。

(4) 安置点建设存在的问题。移民安置点建设进度、质量的保证，配套设施建设滞后的情况，也是拆迁问题中引起民众重点关注的问题。

(5) 坟墓搬迁与安葬问题。受民族文化影响，自古我们的丧葬文化都非常隆重。以乡镇农村为典型，由于早期没有规划殡葬地块，很多农村地区通常在距离村庄较近的耕地或者山坡上就地土葬，“旧坟头”处于一种散乱分布的状态，对土地资源造成了严重的浪费。除此以外，拆迁后新购墓地的成本比较高，跟补偿的搬迁费差距很大，且有重复搬迁坟墓的现象，造成搬迁难和成本增加。如何规划被征地块上的坟墓搬迁用地，是征地过程中面临的又一问题。

针对上述问题，一方面要加快社会保障工作节奏，同时也要规范、细化征地拆迁工作的有关政策，加强监督制约。根据农民的自身承受能力解决失地农民的社保、医保等问题，消除他们失地后的焦虑心态和抵触情绪。确保失地不失保，彻底消除他们的后顾之忧，鼓励引导农民再次创业，在技术、资金上大力支持。

进一步提高征地拆迁政策的针对性和可操作性，做到科学合理、有章可循，减少随意性。拆迁组人员构成不能单一化，建议征地拆迁等涉及群众切身利益、容易发生职务犯罪的工作，应当吸收检察、纪检、监察、审计等部门，加强工作组的监督制约，做到公平公正。

9.8.2 影响耕作，就业问题

工业集聚区的建设有利于发展工业企业，充分地发挥土地利用价值，安置农村富余劳动力，能有效提高村民收入和人民生活水平，促进各项事业繁荣、社会和谐。

但失地农民后续发展问题是乡镇工业园区的开发建设过程中可能遇到的特有性难题。被征地区域农民大多文化程度相对较低，务工技能较差。面对既得利益的丧失，很担心失地后的生活。相当一部分失地农民提出今后的生存、发展问题，其妥善解决是征收土地的先决条件，也是征地工作中面对的首要问题。

针对妥善解决失地农民的生活出路问题。建议政府与征地企业协商，按照“谁征地、谁负责”的原则，优先吸纳失地农民进企业务工，针对失地农民进行技能培训，提高农民生活、生产技能，加快其在城镇工业化进程中的角色转变。

9.9 碳排放评价与分析

根据《规划环境影响评价技术导则 总纲》(HJ 130—2019)、《规划环境影响评价技术导则 产业园区》(HJ 131—2021)等指导文件,产业园区规划环评在编制过程中,需要对园区碳排放情况进行评价,对区域碳排放情况进行核算,协调好产业发展与区域、产业园区环境保护关系,统筹产业园区减污降碳协同共治、资源集约节约及循环化利用等事项,提出产业园区碳减排的主要途径和主要措施建议,引导产业园区生态化、低碳化、绿色化发展。

曾几何时,乡镇企业就是落后、污染大、小散乱污的代名词。早期的乡镇工业集聚区以发展经济为主要目的,企业和招商部门环保意识较差,主管部门对项目入园的审查力度不强。资源利用效率较低的产业倾向于在生产成本较低的乡镇工业园区落户,依靠乡镇富余劳动力大的条件,使得企业采取粗放型生产经营方式获得的收益大于采取集约型生产经营方式所获得的收益,企业倾向于保持原有的粗放型生产经营方式。

究其根源,主要有以下几点:一是乡镇工业园区内传统产业的节能减排技术水平普遍不高,单个企业在资源利用效率上还有较大的提高空间。二是园区内主导产业不突出,块状特色不鲜明,如若能通过产业的整合聚集并实现集群化,同样可以在一定程度上提高资源利用水平,实现低碳化、绿色化发展。

根据上文对研究区现状的回顾可见,此类乡镇工业集聚区的企业数量少,个体规模小,园区体量不大。无论是从资源消耗还是污染物排放,在总量上难以与大型园区相提并论。这也导致乡镇园区的协同降碳政策不能照搬照抄大型园区,园区在技术改革、推动资源回收利用、建立园区碳排放监测平台等方面能做的相当有限,本身体量也不适合此类整改措施前期资源成本的投入。

对于乡镇工业园区的低碳发展,首先还是要建立全局的改革思维,建立有利于园区低碳发展的利益导向机制。本章节主要对乡镇工业园区协同降碳提出以下几点建议：

1. 推动能源结构绿色低碳转型，优化调整能源消费结构

大力发展清洁能源，有序扩大太阳能、天然气等绿色能源供给。优化和完善配电网络结构，提高配电网络智能化水平和用户需求侧管理水平。积极采用移峰、错峰等措施，提高电网供电效率。逐步实施运输车辆电力替代，减少化石能源消费。逐步提高电动汽车和高氢能汽车比例，加强充电桩、加氢站等基础设施的配套建设。

2. 提高工业能源利用效率和清洁生产水平

推进重点企业清洁生产审核。通过各企业清洁生产的推行，进一步降低区域资源、能源消耗，推动清洁原料替代，减少污染物排放。

3. 持续淘汰落后产能产业，从严治理“散乱污”

实施传统产业绿色化改造升级，强化能耗、水耗、环保、安全和技术等标准约束，对能耗总量大、能源利用效率低、污染较严重、不符合园区产业定位的企业和项目逐步实施产业整改、关停和淘汰计划。

持续开展“散乱污”企业排查整治，全面开展“散乱污”整治“回头看”，建立“散乱污”企业动态管理机制，防止已取缔的“散乱污”异地转移。

4. 严格建设项目环境准入

以项目环评为抓手，严控环境准入。严禁引入不符合规划要求的项目，从源头上做好碳的增量管控。

5. 推进园区绿化建设，落实耕地保护，提高生态系统碳汇能力

严格落实上级耕地保护任务，对违法占用、严重污染的农用地进行清退整改，并对目前零散、破碎的耕地进行再划分和整理，促进耕地的连片布局，形成成片规模化的种植区域，以连片集聚的空间布局保护优质耕地资源、提高耕种效率和碳汇总量，提升耕地的碳汇能力。

6. 调整种植、养殖结构，提升固碳水平

乡镇园区紧靠耕地，农业生产仍是区域经济重要组成部分。通过调整农业种植结构，采用轮作、间作套种等栽培措施，种养结合，引导农户种植固碳效益高、固碳成本低的水稻、小麦等大田作物；优化种植区和养殖区布局，提高种植业消纳养殖业污染物的水平，扩大生态种养和耕地用养的覆盖面；优化种植结构，提升农业的生态涵养能力。

9.10 区域环境风险评价

乡镇工业集聚区的规划建设不同于一般工业项目，在规划区建设过程中项目建设规模大小、建设地点等存在较大的不确定性，建设企业生产需要原料、产品和中间产品以及贮存、运输方式不确定，无法估算规划区具体事故发生时物料的泄漏量、物料的性质等。因此本风险评价章节将事故风险管理体系的建立、事故风险防范措施、应急预案等作为评价重点。

根据规划，本研究区的产业定位为以发展新型纤维材料及纺织服装、先进机械装备制造、绿色建材为主。从行业上分析，园区规划中各行业不含重污染类别，不包含重大危险源，同时规划区内无需特殊保护的敏感点。风险评价范围为园区规划范围以外 3 km。

风险评价范围内的环境敏感点包括园区规划范围以外 3 km 范围内主要居民、学校等环境敏感点、水环境保护敏感目标。

9.10.1 物质危险性识别

根据园区产业定位，规划发展新型纤维材料及纺织服装、先进机械装备制造、绿色建材等。根据产业特点，主要风险物质识别如下：

先进机械装备制造（以高端化、智能化、绿色化为方向，发展各类机械器械和装备设备制造）行业：生产过程中可能使用和贮存有一定量的有毒原辅材料，如清洗用的氢氧化钠、盐酸等；生产工艺包含喷漆、涂装工序，涉及甲苯、二甲苯等挥发性有机物。

新型纤维材料及纺织服装（以高端纺织服装功能家纺为引领，培育从纤维、复合材料到纺织服装产品一体化的产业链）行业，如涉及热熔、团粒等工序，可能会涉及一定挥发性有机物等。

此外，绿色建材（大力发展新型墙板材料、环保装饰材料、绿色建筑功能材料、装配式建筑材料等新型建筑材料）行业：生产过程某些工艺环节需要加热，主要关注燃气锅炉的天然气泄漏、柴油火灾事故对大气环境造成的影响。

因此，根据对园区现有企业和规划的产业定位的行业调查，本书最终筛选出环境风险评价因子为：烧碱、盐酸、油漆、天然气、挥发性有机物（水性漆溶剂丙烯酸、正丁醇）等。

9.10.2 生产设施危险性识别

生产设施风险识别的范围包括：主要生产装置、贮运系统、公用工程系统、环保工程设施及辅助生产设施等。

通过类比调查，确定园区规划内的生产设施环境风险如下：

1. 生产和储存过程造成危险物质泄漏

主要集中在机械装备行业企业，根据《挥发性有机物（VOCs）污染防治技术政策》要求，涉及喷漆、涂装工序的机械装备行业要求企业在生产过程中使用水性、低毒或低挥发性有机化合物排放的有机溶剂，禁止使用溶剂型涂料进行表面涂装工序。同时需配备有机废气收集系统，安装高效回收净化设施。后期入区项目涉及喷漆工艺，原辅料可能易燃并有中等毒性。因此，在生产装置和原料贮存中存在一定的环境风险，主要表现为油漆贮存装置存在毒性化学原料泄漏，发生火灾、环境污染、人员中毒的风险。

生产过程中，因操作不当或设备老化、磨损，在加料口、排料口易产生跑、漏现象，对环境产生污染。如压力容器控制不当引发的爆炸，还有诸如违章操作、仪表失灵导致误操作、反应釜爆炸、自动控制系统失灵、物体摔落等造成的风险。

2. 运输过程造成危险物质泄漏

入区企业所需危险物质交由第三方物流组织运输，运输过程中风险主要有：

①交通事故;②储存设备故障。

风险污染事故的类型主要反映在危险化学品泄漏导致人员中毒、窒息死亡,以及危险化学品或危险废物泄漏,进而污染外环境。造成本规划区灾害的风险主要原因为危险品输送管道及储存桶、槽的泄露或破裂。

但由于园区规划范围内不设专门的危险品储运系统,企业所需危险品用量较少,大多采用即买即用的方式,故上述两类风险源的事故发生概率较低。

3. 污染控制系统

1) 废气污染控制系统

园区规划中的工艺废气主要为加热工段产生的废气以及工业粉尘。一般有非甲烷总烃、粉尘等。加热工段的工艺废气采用集气装置收集处理后经排气筒排放。工业粉尘主要利用集气装置收集后用布袋除尘器除尘。喷涂废气通过吸附装置处理后达标排放。如若集气装置发生故障,气体将弥散在车间内;如若布袋除尘装置或吸附装置等发生故障,易造成生产废气未经处理直接排入大气。

2) 废水污染控制系统

企业内部废水处理设施发生故障,或投加药剂不足时,会使废水预处理系统去除率下降,如果废水未经预处理直接排入园区污水处理厂,会对污水处理厂造成冲击。

园区污水处理厂运行期发生事故排放的原因有以下几种:

污水管网系统由于管网堵塞、破裂或接头处的破损,造成大量污水外溢,污染地表水和地下水;污水泵站由于长时间停电或污水水泵损坏,排水不畅时易引起污水漫溢;污水处理厂由于停电、设备损坏、污水处理设施运行不正常、停工检修等造成大量污水未经处理直接排放,造成事故污染;活性污泥变质,发生污泥膨胀或污泥解体等异常情况,使污泥流失,处理效果降低;项目收集范围内有少量的工业废水排入,个别排水工业企业的生产设备或废水的预处理设施故障,使污水处理厂进水水质异常,从而导致超标排放。

3) 固废污染控制系统

园区规划企业产生的固废主要有：下脚料、粉尘、生活垃圾等，这些固废若不能及时处理，经雨淋会再溶于水中，会污染土壤及水环境，造成二次污染。但只要对临时贮存设施严格按照《一般废物与危险废物储存控制标准》(GB 18599—2020)建设安全防范措施，并对贮存场所进行防渗处理，固废贮存导致二次污染的概率较小。

综上所述，环境风险评价和管理的主要研究对象是：①重大火灾。②重大爆炸。③有毒物泄露。事故风险主要存在于使用液碱贮运、管线输送过程。④污水处理厂事故排放。

9.10.3 典型风险事故类型分析及预测

根据环境风险识别结果，研究区最大可信事故为以下两方面：有毒有害物料、污水处理厂发生泄漏。根据事故概率分析，以镇区污水处理厂污水事故排放为典型事故类型进行分析。

9.10.3.1 污水厂事故排放

1. 针对污水事故排放防范措施

1）来水浓度骤增应急处理流程

当进水水质发生异常时，应及时向环保局汇报，调查和阻止该异常水的来源，加强对企业外排废水水质监督管理，确保企业外排废水水质指标达到污水处理厂接管要求。

当来水浓度骤增，污水处理厂工艺工程师必须到进水口和工艺处理环节仔细观察，分析原由，并向厂长报告。如预计对工艺运行产生影响时，应及时调整污水厂的运行参数，可以通过增加空气量、延长水力停留时间、增加回流污泥量、增加药剂投放量等措施，使出水水质达标排放。

当来水浓度骤增，后期各工段处理效果不能使出水水质达标，需及时将高浓度废水输送到事故应急池。

2）事故池

为保证污水处理厂出现事故时高浓度废水不外排，污水处理厂必须在厂区内设置事故池，事故排放的高浓度尾水暂时存储在事故池内。待污水处理设施恢复正常运行后，贮存在事故池中的高浓度尾水回流至调节池作进一步处理。

事故储存设施总有效容积的核算考虑以下几个方面：

$$V_{总} = (V_1 + V_2 - V_3)_{max} + V_4 + V_5 \tag{9.10.1}$$

注：$(V_1 + V_2 - V_3)_{max}$ 是指对收集系统范围内不同罐组或装置分别计算 $V_1 + V_2 - V_3$，取其中最大值。

式中：V_1——收集系统范围内发生事故的储罐或装置的物料量，m^3；

V_2——发生事故的储罐或装置的消防水量，m^3；

V_3——发生事故时可以转输到其他储存或处理设施的物料量，m^3；

V_4——发生事故时仍必须进入该收集系统的生产废水量，m^3；

V_5——发生事故时可能进入该收集系统的降雨量，m^3。

初步计算，在各事故状态下废水的产生量均按最大值进行考虑。园区污水处理厂未设置专用事故应急池，依托厂区池体预留容积进行事故紧急处置，厂区可依托池体总容积约 1 800 m^3，能够满足各类事故污水的紧急存储要求。

3）污水处理厂加强对进水水质的常规化验分析

常规化验分析是污水处理厂的重要组成部分之一。污水处理厂的操作人员，必须根据进水水质变化情况，及时改变运行状况，实现最佳运行条件，做到达标排放。

4）加强污水处理厂内部管理

选用优质设备，污水处理厂各种机械电器、仪表等设备必须选择质量优良、故障率低、便于维修的产品。关键设备应一备一用，易损部件要有备用，在出现故障时能尽快更换。

加强事故预防监控，定期巡检、调节、保养、维修。及时发现有可能引起事故的异常运行苗头，消除事故隐患。

严格控制各处理单元的水量、水质、停留时间、负荷强度等工艺参数，确保处理效果的稳定性。废水处理工段各反应器都采用 pH 计或 ORP 计控制，确保反应在最佳条件下进行。废水出水需配备出水监控系统,定期取样测定;同时,出水监控系统应设计废水回流系统,一旦出水监测超标,使不达标废水回流入调节池作进一步处理,杜绝废水超标排放。

加强污水处理厂的技术管理工作,提高各工艺段的处理效率是保证达标排放的主要工作内容。污水处理厂努力引进精通污水处理技术和管理的人才,保证厂内的技术和管理工作科学化、制度化。污水处理厂管理人员应有较高的业务水平和管理水平,主要操作人员上岗前应严格进行理论和实际操作培训。

加强污水处理厂管理人员的理论知识和岗位技能培训,树立环境保护、达标排放的思想意识。

污水处理厂平时应加强与服务范围内入管网企业的联系,掌握各企业生产情况、排放废水类型、主要污染物种类及浓度、废水预处理措施等。当污水处理厂发生事故时,应通知区内企业将各自废水排入企业自备的事故池或者停止相关的生产,防止污水处理厂事故池无法容纳接管废水而产生大量排放的现象。

在落实上述措施后,污水处理厂事故废水排放风险可接受。

9.10.3.2　天然气泄漏二次污染事故

对天然气泄漏引发的火灾事故进行分析,从环境风险的角度,应考虑火灾伴生/次生的二次污染的影响,火灾、爆炸属于安全事故。

从环境风险的角度,当火灾发生时主要防范的对象为火灾伴生的毒性气体,以及有毒有害物质,它们可能进入消防水污染外部水体。由于天然气燃烧时产物基本上为 CO_2 和 H_2O,在消防喷淋水的洗涤下,燃烧会伴生的少量 CO 和烟尘;从以往对事故的监测来看,基本对周围大气环境不会形成较大的污染。天然气泄漏爆炸属于安全事故,该类事故的影响主要表现在热辐射及燃烧废气对周围环境的作用。火灾对周围大气环境的影响主要表现为散发出热辐射;如果热辐射非常高可能引起其他易燃物质起火。根据类比调查,一般燃烧 80 m 范围,火灾的热辐射较大,在此范围内有机物会燃烧;150 m 范围内,木质结构将会燃烧;150 m 范围外,一般木质结构不会燃烧;200 m 以外为较安全范围。因此,规划实施过程中必须及时落实居民的拆迁安置工作，使其环境风险水平在可接受范围内。

9.10.3.3 危险品运输泄漏、爆炸、火灾事故

在园区内企业物料运输过程中，若发生覆车、撞击等事故，会使危险品外泄、燃烧，如汽油、柴油引发爆炸、火灾，盐酸等进入大气环境中散发，造成大气、地表水等污染。

9.10.4 环境风险防范和应急预案

9.10.4.1 环境风险防范措施

园区内企业存在因使用和贮存有毒有害物质而引起火灾、爆炸和毒害性物质扩散污染大气环境的环境风险。通过对园区内各企业事故源项识别分析(关注较大以上环境风险源)，从管理和安全出发，园区环保系统应采取一系列的风险管理措施，对该区进行科学规划、合理布局；从技术、工艺、管理方法等方面加强对区内企业风险防范措施建设的管理、检查、监督。各企业采取严格的防火、防爆、防泄漏措施，以及建立安全生产制度，大力提高操作人员的素质和水平。市区生态环境局与乡镇人民政府和企业建立起有针对性的风险防范体系，配备一定的硬件设施，以加强对潜在事故的监控，及时发现事故隐患，及时消除，将事故控制在萌芽状态。

9.10.4.2 应急预案

1. 镇区环境风险应急预案

镇区应结合本地区实际情况，按照《企事业单位和工业园区突发环境事件应急预案编制导则》(DB32/T 3795—2020)等要求，制定乡镇突发环境事件应急预案，分析危险源分布情况，并进行演练。

建议乡镇统筹建立本研究乡镇及其他辖区乡镇的应急联动响应体系，各方的应急预案应有效衔接，形成联动响应机制，便于最大限度地获取社会各方面的应急力量救援，并及时采取必要的防范措施保护周围居民的环境安全，确保一旦事故发生，通过应急联动，将事故的影响降至最低。

2. 企业环境风险应急预案

所有存在环境风险的新建、改建、扩建项目必须根据《关于进一步加强环境影响评价管理防范环境风险的通知》(环发〔2012〕77 号)、《关于印发江苏省突发环境事件应急预案管理办法的通知》(苏环规〔2014〕2 号)、《企事业单位和工业园区突发环境事件应急预案编制导则》(DB32/T 3795—2020)等规定的要求,制定和落实合理的、具有可操作性的环境风险应急预案,报当地环境保护主管部门备案,并与镇区层面应急预案联动响应。各企业应将突发环境事件应急预案演练和应急物资管理作为日常工作任务,严格落实企业责任主体,不断提高企业环境风险防控能力。

园区规划内生产经营单位在生产、储存和运输中存在火灾、爆炸、中毒等危险危害,经营单位在项目建设之初应按照《危险化学品事故应急救援预案编制导则》的要求,制定相应的事故应急救援预案。

事故应急救援预案的指导思想:真正将“安全第一,预防为主”的方针贯穿于整个经营活动之中,把“以人为本,安全第一”落实到实处。一旦发生较严重安全事故、急性中毒事故、危险化学品事故、重大设备事故、消防安全事故,能以最快的速度、最大的效能,有序地实施救援,最大限度减少人员伤亡和财产损失,把事故危害降到最低点。

事故应急救援原则:快速反应、统一指挥、分级负责、单位自救与社会救援相结合。

9.10.4.3 应急救援指挥体系

园区突发环境事件应急救援体系建设的基本思路:以乡镇人民政府突发环境事件应急救援指挥中心为核心,与市/区生态环境局(上级)和企业(或事业)单位(下级)应急救援中心形成联动的三级应急救援管理体系;救援队伍的组建整合公安消防、医疗卫生、环境保护、气象水文、交通运输、新闻通讯等救援力量,同时加强园区事故风险应急的硬件设施建设,实现对环境污染事故等风险快速响应和高效救援的目的。

建议规划区建立环境风险应急管理系统:乡镇人民政府成立环境风险应急控制

指挥中心，由乡镇人民政府直接负责；存在事故风险企业成立环境风险应急控制指挥部；存在事故风险的车间或分厂成立风险应急控制指挥小组等。各级指挥部分别负责组织实施规划区、风险企业、车间或分厂的事故应急救援工作，并承担逐级上报工作。

1）组织机构

总指挥：乡镇人民政府。

部门：环境保护部门、安全保卫部门、医疗卫生部门、消防部门等。

主要成员：生态环境和建设局、经济发展局、政法和社会综合局、农村工作局、消防等负责人及各企业负责人。

2）指挥部及各部门职责

指挥部职责：负责集镇区重大事故应急救援预案的制定和修订；组建应急救援队伍，并组织实施和演练；检查重大事故预防措施落实情况，并进行监督；发生事故时，发布启动和解除应急救援预案的命令；组织指挥救援队伍实施救援行动；向上级报告、向邻近单位通报事故情况，必要时向有关单位发出救援请求；组织事故调查，总结应急救援工作的经验教训。

办公室职责：负责事故处置过程中的车辆调度工作；负责事故现场通讯联络和对内、对外联系工作；必要时代表指挥部对外发布相关信息。

环境保护部门职责：负责镇区日常的环境管理工作，事故时通过各类渠道将事故类别、等级、危害程度紧急通知有关岗位的工作人员，以便作出应急处置。协助总指挥做好事故报警、情况通报及善后处理工作。负责有毒、有害物质扩散区域的监测、预测工作，并及时向指挥部汇报。

安全保卫部门职责：负责事故现场的周围警戒、治安保卫、人员疏散、厂区道路交通管制等工作。

医疗卫生部门、消防部门职责：负责事故现场的人员抢救、灭火抢险等工作。

10

资源与环境承载状态评估

10.1　资源承载力分析

要求通过分析产业园区资源利用、污染物及碳排放对区域或相关环境管控单元资源能源利用上线及污染物允许排放总量、碳排放总量的情况，评估区域资源、能源及环境对规划实施的承载状态。产业园区所在区域环境质量超标的，以环境质量改善为目标，结合产业园区污染物减排方案，提出产业园区存量源污染物削减量和规划新增源污染物控制量。资源消耗超过相应总量或强度上线的产业园区，分析提出资源集约和综合利用途径及方案，以不突破上线为原则明确产业园区资源利用总量控制要求。碳排放总量超过区域碳排放控制目标的产业园区，应明确产业园区降碳途径和实现碳减排的具体措施。

10.1.1　水资源承载力分析

水厂根据规划，园区远期接入区域供水管网，水源为京杭运河。由城东水厂实施供水，供水规模为 12 万 m^3/d，现实际供水量 8 万 m^3/d，根据预测，规划期末园区需水量为 2 000 m^3/d。规划供水能力能满足园区水量要求。

10.1.2　土地资源承载力分析

通过对土地资源承载力的分析和评价，掌握规划区内土地资源对人口增长、经济建设等的支撑程度。土地资源承载力的分析和评价主要从两个方面入手：一是土地资源的人口承载力;二是土地资源的生态承载力。本书主要分析规划区土地资源的人口承载力,见表 10.1.1。

表 10.1.1 按照不同标准计算的规划区土地资源的人口承载力

总面积(km^2)	按国际标准计算土地承载力(万人)		按国内标准计算土地承载力(万人)	
	(140 m^2/人)	(200 m^2/人)	(105 m^2/人)	(120 m^2/人)
0.643 3	0.46	0.32	0.61	0.54

从表 10.1.1 可以看出:以国际标准计算,规划区域土地承载力是 0.32～0.46 万人;以国内标准计算,规划区域土地承载力是 0.54～0.61 万人。根据人口预测结果,至 2030 年,规划区工作人口规模达到 2 698 人,在规划区土地承载力的范围之内。

10.2 环境承载状态评估

10.2.1 地表水环境承载力

规划实施依托的污水厂在园区内,因此地表水环境承载力主要分析污水厂规模、排口和受纳水体的承载能力。

污水处理厂现状基本满负荷运行,对园区以及镇区后续发展形成制约。因此要求区内企业加强废水回用,建议对纺织服装产业的喷水织机废水要求实际回用率达到 90%以上,减少废水排放。企业内部做好雨污分流,杜绝雨污混排现象。园区引进企业应对排水量设置准入门槛,禁止排水量大的项目入园。同时,在污水处理厂进行扩建之前,要求新进项目自建废水处理、回用设施,废水不外排。污水处理厂可适时进行规模扩建,完善处理工艺,确保能够达标处置园区的生产废水。

根据受纳水体水质现状监测结果,各因子均能达到《地表水环境质量标准》(GB 3838—2002)Ⅲ类水质标准要求。区域周边整体水环境质量较好,水质满足水质控制目标要求,现状仍有 COD、BOD_5 环境容量,表明区域污水管网建设及水环境整治工作已有成效。

10.2.2 环境空气承载能力分析

1. 环境空气承载能力

根据城市大气环境功能区划、《＊＊市 2020 年度环境状况公报》、《环境影响评价技术导则 大气环境》(HJ 2.2—2018)中评价依据，判定该区域不达标。研究表明环境空气 $PM_{2.5}$ 中二次气溶胶占据较大的比例，二次气溶胶主要是由 SO_2、NO_x 或有机化合物，在光照下发生光化学反应而产生的。本市 $PM_{2.5}$ 超标较为普遍，可认为 SO_2、NO_2、PM_{10} 已无环境容量。生成臭氧的前体物为 NO_x、VOCs，可认为 NO_x、VOCs 已无环境容量。

2. 大气排放总量控制

根据《＊＊市"三线一单"生态环境分区管控实施方案》，园区大气污染物管控排放量分别为：SO_2 0.60 t/a、NO_2 3.74 t/a、烟尘（颗粒物）0.35 t/a、挥发性有机物0.34 t/a。

上轮规划评价阶段，未能正确评估各产业产污情况，本轮对园区发展规划产业定位及面积进行调整后，原有污染物管控排放量无法满足园区现行发展要求，故对污染源强进行重新评估。根据章节 4.3 现状污染源调查情况可知，除 NO_2 外，园区现状各项污染源排放指标均突破"三线一单"管控总量。

现拟通过提升污染防治措施，对园区现有污染源进行削减。提升改造前后污染物排放情况见表 10.2.1。

表 10.2.1 区域企业环保提升污染物削减情况

单位：t/a

序号	污染源名称	环评/现状（排放量）				削减/重新核定后（排放量）			
		颗粒物	SO_2	NO_2	VOCs	颗粒物	SO_2	NO_2	VOCs
1	＊＊面业股份有限公司	34.000	—	—	—	2.000	—	—	—

续表

序号	污染源名称	环评/现状（排放量）				削减/重新核定后（排放量）			
		颗粒物	SO_2	NO_2	VOCs	颗粒物	SO_2	NO_2	VOCs
2	* * 米业有限公司	1.768	—	—	—	0.768	—	—	—
3	* * 米业有限公司	2.122	—	—	—	0.922	—	—	—
4	* * 建筑预制构件有限公司	0.641	0.034	—	—	0.62 3	0.009	—	—
5	* * 科技有限公司（原名 * * 鞋业有限公司）	0.003	—	—	0.116	0.003	—	—	0.087

故大气污染物总量控制建议情况如表 10.2.2 所示。

表 10.2.2　园区大气污染物总量控制建议

单位：t/a

污染物	上轮管控量	现有排放量	现状削减量	远期新增排放量	建议控制总量值
SO_2	0.60	0.616 65	−0.025 5	+0.334	0.925
NO_2	3.74	1.309 72	—	+2.023	3.333
颗粒物	0.35	39.207 22	−34.213 7	+3.192	8.186
VOC_S	0.34	0.443 7	−0.029 3	+1.402	1.816
HCl	0	0	0	+0.03	0.030

11

规划方案综合论证和优化调整建议

11.1　规划方案综合论证

规划方案的综合论证包括环境合理性论证和环境效益论证两部分内容。前者从规划实施对资源、生态、环境综合影响的角度，论证规划内容的合理性；后者从规划实施对区域经济、社会与环境发挥的作用，以及协调当前利益与长远利益之间关系的角度，论证规划方案的合理性。

11.1.1　环境合理性论证

规划方案的环境合理性论证通常从规划选址的合理性，规模、布局的合理性，产业定位的合理性，基础设施的合理性、规划环境指标的可达性等几个方面展开。

1. 规划选址合理性分析

选址的合理性主要从规划相符性和环境可行性两方面阐述。

规划层面，由于城市总体规划通常覆盖不到乡镇范围，因此，乡镇工业集聚区的选址与上位规划的协调性分析，应重点对照乡镇总体规划及土地利用规划，说明是否占用基本农田。

环境层面则重点关注与生态保护红线、重点生态功能区、其他环境敏感区的空间位置关系和对以上区域的影响预测结果，结合环境风险评价的结论，论证选址的合理性。

2. 规划规模、布局的合理性分析

根据环境影响预测与评价和资源与环境承载力评估结论，结合资源利用上线和环境质量底线等要求，论证规划规模的环境合理性。

对于工业区内部的布局的合理性分析，首先看是否分区建设、杜绝工居混杂，工业用地与居住用地之间设置一定的空间防护距离；其次看功能分区时是否综合考虑污染较重的行业应设置在主导风向的下方向、噪声较大的行业应远离居住区等因素。

3. 产业定位的合理性分析

根据环境影响预测与评价和资源与环境承载力评估结论，结合规划重点产业的污染特点、环境准入条件及清洁生产水平情况分析产业定位的合理性。简而言之，优先选择轻污染的行业；对主要产生水污染的行业关注当地的水环境容量及纳污水体的水环境功能、水环境影响；对主要产生废气污染的行业重点关注环境空气质量现状及大气环境容量、规划实施后对大气环境的影响是否可接受。

其次看规划产业是否具备一定的产业基础、能否发挥产业聚集效应、进一步延链、强链和补链。规划产业定位应有助于现有产业的优化升级，有助于乡镇经济的高质量发展、绿色发展。

此外，作者在实际工作中发现，各乡镇工业园区的产业定位基本大同小异，服装纺织、农副产品加工、木材家具、机械制造、新型建材等，呈现大而全的状态。建议区县一级范围内能全面统筹一盘棋，各乡镇因地制宜侧重发展 1～2 个主导产业，把特色产业做大做强，走差别化发展的道路。

4. 基础设施的合理性分析

规划环评重点关注的基础设施通常包括供水、排水、供热、固废处理几个方面。乡镇工业集聚区由于受规划面积、发展规模制约，基础设施通常依托镇区，并未为园区配套单独规划专项基础设施。据调查，乡镇工业集聚区的现状普遍为：①区域供水；②企业排水接入镇区生活污水处理厂；③无集中供热设施；④无固废集中收集、储存及处理、处置设施。因此，规划环评中应重点针对②③两方面进行论述。针对乡镇生活污水处理厂的规模、处理工艺、配套管网建设进度等能否接纳工业废水，规划区域的热负荷是否需要新建集中热源，现有区内自备小锅炉是否逐步淘汰采用清洁能源等分析其合理性。

5. 规划环境目标的可达性分析

通过分析现状值与规划设定指标之间的差距，以及规划拟采取的针对性对策措施的经济技术可行性、有效性，结合规划实施环境影响预测与评价结果，分析环境目标的可达性。

11.1.2 环境效益分析

乡镇工业集聚区是农村经济提升的抓手和希望，科学规划乡镇工业园区建设不能只顾眼前的经济效益而牺牲长远的环境效益。因此规划环评中要重点分析规划实施在维护生态功能、改善环境质量、提高资源利用效率、减少温室气体排放、保障人居安全、优化区域空间格局和产业结构等方面的环境效益。

在本规划环评中，该工业集聚区依托区域基础优势，依托现有产业，引导相关产业适度集聚，规划形成以新型纤维材料及纺织服装、先进机械装备制造和绿色建材为主的集聚发展模式。可以看到，园区新引进产业均为无污染、低污染的新兴产业，各产业污染物排放系数较低。

工业集聚区规划采取有效的产业结构规划和污染治理措施，中水回用工程的推广，对改善区域河道水质，使其达到相应水环境功能起到促进作用。因此规划的实施优化了区域空间格局和产业结构，改善了环境质量。

规划严禁填塞河道，严格按照河道建设标准进行综合整治，全面疏浚，确保河道水流畅通，提高河道自净能力。通过实施水体环境综合整治、河道生态修复等工程，增加了区域水体自净能力，在一定程度上改善了区域水环境。

随着规划的实施，区域产业结构的不断优化调整，节能减排措施的实施和再生水回用工程的落实，工业集聚区有能力进一步减缓经济发展带来的水环境负荷，逐步改善区域水环境质量，使得地表水资源可完全满足规划用水量的需求。

11.2 规划方案优化调整建议

规划高起点、建设高标准乡镇工业集聚区是工业化和城市化的重要结合点，是乡镇和乡村的重要连接点，必须统筹兼顾、整体规划、互动开发。必须坚持乡镇开发与小城镇建设有机结合的原则。统筹生产力布局、加强镇域联系，规划超前开发要规范。要按照客观经济规律培育集中乡镇开发市场主体，积极实施“政府组织推动、财政拨款启动、土地批租滚动、内资外资联动”的集聚区建设模式，推行“公司化运作、标准化建设、物业化管理、社会化服务、园林化环境”的集聚区管理模式，以求建成高水准的乡镇工业集聚区。

在 11.1 章节规划方案综合论证的基础上，分析判定规划实施的重大资源、生态、环境制约的程度、范围、方式等，提出规划方案的优化调整建议并推荐环境可行的规划方案。主要分为以下几种情况：

(1) 规划实施后无法达到环境目标、满足区域碳达峰要求，或与国土空间规划功能分区等冲突，应提出产业园区总体发展目标、功能定位的优化调整建议。

(2) 规划布局与区域生态保护红线、产业园区空间布局管控要求不符，或对生态保护红线及产业园区内、外环境敏感区等产生重大不良生态环境影响，或产业布局及重大建设项目选址等产生的环境风险不可接受，应对产业园区布局、重大建设项目选址等提出优化调整建议。

(3) 规划产业发展可能造成重大生态破坏、环境污染、环境风险、人群健康影响或资源、生态、环境无法承载，或超标产业园区考虑区域污染防治和产业园区污染物削减后仍无法满足环境质量改善目标要求，或污染物排放、资源开发、能源利用、碳排放不符合产业园区污染物排放管控、环境风险防控、资源能源开发利用等管控要求，应对产业规模、产业结构、能源结构等提出优化调整建议。

(4) 基础设施规划实施后，可能产生重大不良环境影响，或无法满足规划实施需求、难以有效实现产业园区污染集中治理的，应提出选址、规模、建设时序及处理工艺、排污口设置、提标改造、中水回用及配套管网建设等优化调整建议，或区域环境基础设施共建共享的建议。

（5）明确优化调整后的规划布局、规模、结构、建设时序等，并给出优化调整的图、表。

本书评价中，规划布局基本合理。为进一步减轻规划实施对区域环境的影响，结合环境保护目标、环境影响预测、环境风险分析等因素，建议规划区在如下几个方面进行控制：

（1）环境保护规划调整建议。

目前区域环境空气颗粒物已无大气容量。管理部门对入区企业严格实行环境监督管理，严格落实大气环境达标方案以及“十四五”环保规划相关措施。为进一步削减粉尘排放量，区内颗粒物主要排放企业应加强对生产工序粉尘进行收集、处理。鼓励纺织等无组织颗粒物排放企业对粉尘收集后，有组织排放。涉及上述污染物排放的新入区企业，应按照最新环保管理要求，完善废气污染防治措施，减少粉尘至外环境的排放。

（2）环保基础设施规划调整建议。

由于镇污水处理厂现有规模和工艺无法满足区域后期发展需求。适时对现有污水厂处理规模实行扩建，完善处理工艺，提高工业废水设计的接管比例，确保能够达标处置园区的生产废水。园区引进企业时应对排水量设置准入门槛，禁止涉及高污染难降解废水污染物、排水量大的项目入园，且各企业生产废水必须预处理达接管标准后方可排入管网。此外，应加强农村生活垃圾和生活污水治理，推进“农村厕所革命”，探索建立符合农村实际的生活污水、垃圾处理处置体系，改厕与污水处理或利用设施同步实施。

（3）产业布局规划调整建议。

调整现有企业布局，对照园区规划空间布局要求，将同类企业放置在同一区域，将农副产品加工区布置在园区上风向，其周围应设置一定的卫生防护距离，避免周边企业对其污染。在工业片区企业布局时将有废气污染物排放的企业布置在远离居住区的一侧(工业集聚区北部),并严格落实各项污染防治措施,在工业片区和居住片区之间设置 50 m 防护距离。区内根据实际发展需求,对不符合产业定位企业,近期保留企业正常生产运行,要求不符合产业定位企业在规划期内不进行扩大规模建设,同时排污总量不可新增、清洁生产水平应达到国内先进水平。

12
不良环境影响减缓对策措施与协同降碳

该章节原来只包括对水、气、声、渣等环境要素的影响减缓措施及环境风险管控措施的相关内容,“双碳目标”提出以后,产业园规划环评导则也将协同降碳纳入到规划环评的体系中。

12.1 资源节约与碳减排

12.1.1 资源节约利用

1. 水资源

规划园区由城东水厂实施区域供水,以京杭运河为供水水源,供水能力满足园区需水量要求。园区对排水量设置准入门槛,禁止引进高耗水、高污染工业项目,积极落实企业内部工业用水综合利用,鼓励发展节水高效、高新技术产业,以促进园区产业结构调整。

2. 土地资源

园区应严守耕地保护红线,严格保护耕地特别是基本农田,严格土地用途管制,重视资源利用的系统效率。对照规划区对应的国土空间规划,园区开发建设会占据部分一般农用地,园区需按照《中华人民共和国土地管理法》有关规定,办理农用地转用审批手续后,由当地自然资源主管部门核发建设用地规划许可证,方可进行建设。

此外,规划园区土地资源利用必须坚持以下原则:

① 坚持节约集约用地，注重统筹兼顾，合理布局用地等；

② 逐步推进规划区遵循紧凑合理、高效便捷的用地布局原则，相同产业集中发展，形成专业集聚区；

③ 合理利用河道、绿地等生态要素，实现规划区环境质量、建设品质的提升。

同时对入规划园区设立门槛，对投资密度达不到相应要求、污染严重、不符合园区产业定位的企业不予进驻，坚持提高土地地均产出，并保障地区发展的生态可持续性。同时在更高层次上实现经济增长方式的转变，实现经济社会的全面发展。

12.1.2 碳减排

根据《国务院关于印发 2030 年前碳达峰行动方案的通知》（国发〔2021〕23 号）、《关于〈印发省生态环境厅 2021 年推动碳达峰、碳中和工作计划〉的通知》（苏环办〔2021〕168 号），江苏省于 2030 年前实现碳达峰。本评价根据园区现有在产企业和规划主导行业的特点、园区基础设施规划及本次碳排放预测结果，提出以下碳减排建议。

1. 推动能源结构绿色低碳转型，优化调整能源消费结构

大力发展清洁能源，有序扩大太阳能、天然气等绿色能源供给。优化和完善配电网络结构，提高配电网络智能化水平和用户需求侧管理水平。积极采用移峰、错峰等措施，提高电网供电效率。加快形成绿色低碳交通运输方式。合理优化运输路线设置，逐步实施运输车辆电力替代，减少化石能源消费。逐步提高电动汽车和高氢能汽车比例，加强充电桩、加氢站等基础设施的配套建设。

2. 提高工业能源利用效率和清洁生产水平

推进重点企业清洁生产审核。对于使用有毒有害物质、能耗水平高或污染物排放量大的企业应实施强制性清洁生产审核。通过各企业清洁生产的推行，进一步降低区域资源、能源消耗，推动清洁原料替代，减少污染物排放。以产业低碳化作为低碳建设的重点，加快工业企业低碳转型。

3. 持续淘汰落后产能产业，从严治理“散乱污”

实施传统产业绿色化改造升级，强化能耗、水耗、环保、安全和技术等标准约束，对能耗总量大、能源利用效率低、污染较严重、不符合园区产业定位的企业和项目逐步实施产业整改、关停和淘汰计划。

持续开展“散乱污”企业排查整治，全面开展“散乱污”整治“回头看”，建立“散乱污”企业动态管理机制，防止已取缔的“散乱污”异地转移。

4. 严格建设项目环境准入

以项目环评为抓手，严控环境准入。严禁引入不符合规划要求的项目，从源头上做好碳的增量管控。

5. 推进园区绿化建设，提高生态系统碳汇能力

通过植树绿化、植被恢复等措施，利用植物光合作用吸收大气中的二氧化碳，并将其固定在植被和土壤中，从而减少温室气体在大气中的浓度。

12.2 园区环境风险防范对策

(1) 成立环境管理领导小组和事故应急处理机构，制定详细的园区环境风险预案，建立入区企业、当地乡政府和其他专业管理部门(如环保局、消防中心、水务局等职能部门)的之间协调、沟通渠道，构建乡政府与企业之间的应急联动网络体系，建立应急联动工作机制，提高突发环境事件防范和处置能力，完善镇区的环境风险防范及环境安全突发事件应急处理综合方案。

(2) 严格按照江苏省相关规定，加强对乡镇工业集聚区内企业的管理，要求企业对各种生产装置，尤其是物料贮罐、循环输送泵等采取相应防护措施，预防火灾等生产事故发生。同时，要求入区企业提高操作、管理人员的技术、管理水平，严格执行有关操作规程和管理制度，预防人为因素酿成安全和环境污染事故，减少事故发生频率及危害。

(3) 严格筛选进入乡镇工业集聚区的项目，禁止生产工艺及设备落后、风险防范措施疏漏、抗风险性能差的项目入区。

(4) 对所有进入乡镇工业集聚区内的企业提出建立环境风险应急预案和事故

防范、减缓措施的要求，特别是使用或生产危险性较大的物料的企业，必须提出行之有效的杜绝环境污染事故发生的防范与抢险措施。要求所有入区企业的建设单位必须在环境影响评价阶段，制定和落实合理的、具有可操作性的环境风险应急预案和事故防范措施，报环境影响评价主管审批部门审核。

(5) 合理规划区内的企业布置，危险品仓储场所应与人员稠密的车间、食堂等保持一定距离；凡禁火区均应设置明显标志牌；配备足够的消防设施，落实防火安全责任制。

(6) 对已进入乡镇工业集聚区内的企业，应提高事故废水的缓冲能力，必要时建造事故缓冲池，并配备相应的处理设备和流量、水质自动分析监测仪器。操作人员应定期巡查、调节、保养、维修，以确保处理效果最佳。

(7) 在事故发生后，按照所制定的应急措施，启动紧急应急程序，迅速控制事故的蔓延，避免事故的扩大化。在发生污水超标排放严重事故时(入污水管网)，及时通报污水处理厂，以便其采取相应措施；必要时企业应限定或停产，以减少污水处理工程的负荷及环境风险；在发生大气泄漏事故时，及时采取有效措施以削减事故对周围大气环境所造成的不利影响，必要时企业应停止生产，减少污染。以避免事故的发生，在企业日常管理中加强监督力度，并制定相应的风险防范措施和应急预案。

(8) 加强乡镇工业集聚区内入区企业职工安全环保教育，增强操作工人的责任心，防止和减少因人为因素所造成的事故，同时也加强防火安全教育。

(9) 乡镇工业集聚区在规划、开发和营运期中，应科学规划、合理布局，采取必要的防火、防爆、污染防治措施，建立严格的安全生产制度，最大限度地降低事故发生率。

针对乡镇工业集聚区所存在的各种风险源，除制定完善的管理制度和建立有效的安全防范体系外，还应有完善可行的应急措施，一旦发生事故，确保各项应急工作快速、高效、有序启动，减缓事故蔓延的范围，最大限度地减轻风险事故所带来的危害后果。

12.3 生态环境保护与污染防治对策措施

本章重点针对产业园区既有环境问题和规划实施可能产生的主要环境影响，提出减缓对策和措施。同时应提出园区落实区域环境质量改善及污染防控方案的主要措施和要求，包括改善大气环境质量、提升水环境质量、分类防治土壤环境污染、完善固体废物收集和贮存及利用处置等。本书制定生态环境保护与污染防治对策措施如下：

12.3.1 大气环境影响减缓措施

1. 优化能源结构

园区现状无管道天然气。规划天然气气源为西气东输天然气，来源主要为现有天然气中压调压站，在镇域建立天然气网络，通往各个重点村。园内提倡使用电能、天然气、太阳能、轻质柴油等清洁能源进行供热。区内现有燃煤小锅炉已经全部拆除。根据园区规划要求，后期园区逐步淘汰生物质锅炉。规划远期全部采用清洁能源。

2. 企业废气的污染控制与管理措施

根据规划，园区规划重点发展绿色建材、新型纤维材料及纺织服装、先进机械装备制造。对各企业生产过程中产生的工艺废气，应根据污染物的特性采取相应的污染治理措施，无组织排放废气应采用先收集后集中处理的方法，确保各项废气经处理后，均能够达标排放。具体措施如下：

(1) 对大气污染物的排放量进行合理的规划，根据入区企业性质和污染程度，确定企业选址，并报经环境主管部门批准后方可实施；

(2) 排放废气的企业应采用先进的、密闭性好的生产设备、物料存贮容器和输送管线，最大限度减少无组织废气排放；

(3) 产生粉尘的车间首选布袋除尘装置进行除尘处理；

(4) 应采用先进的治理和回收措施，如对有机气体可采用冷凝法、直接燃烧法、催化燃烧法、吸附法等先进的处理工艺进行处理；严格做到稳定达标排放的同时，尽量减少污染物的排放量；

(5) 涉及喷涂工艺，要求从源头进行清洁原料替代，选用低 VOC 涂料或水溶性油漆，不选用油性漆；

(6) 加强消防和风险事故防范意识及应急措施，特别是使用危险品的企业，必须有相应的危险物品管理制度；

(7) 加强绿化建设，企业绿化应选择耐污性强、除尘效果好的树种。

12.3.2 水污染减缓措施

12.3.2.1 地表水污染减缓措施

1. 园区规划采用“雨污分流、清污分流”

雨水采用就近排放原则，由敷设的雨水管分别汇集流入该镇周边河流。各企业产生的生产废水根据分类收集、分质处理的原则，由企业内部预处理达接管标准后与生活污水一起进入污水管网，汇入镇区污水处理厂集中处理，尾水就近排入水体。

园区废水接管标准的确定应遵循如下原则：行业排放标准中的间接排放标准限值更严格时，应从严执行；暂未公布国家行业标准或行业标准未规定间接排放时，接管浓度不得高于《污水综合排放标准》(GB 8978—1996)表 1 标准和表 4 三级标准、《污水排入城镇下水道水质标准》(GB/T 31962—2015)等标准限值；污水处理厂尾水排放执行《城镇污水处理厂污染物排放标准》(GB 18918—2002)一级 A 标准。

2. 工业企业节约用水、提高水循环利用率

如清洗废水，可以采取逆流清洗、重复使用或一水多用，以减少用水量和污水排放量；提高冷却用水的循环使用率；部分工艺废水在处理达标后能够进行回用，可以减少新鲜用水量和污水排放量等。

3. 强化水环境监测管理

应协调好各职能部门的关系，加强对水环境监督与管理，对各企业的水污染物排放口安装在线自动监测仪，随时监测和控制各企业的污染物排放情况，污水处理厂应有专人负责，密切关注尾水排放情况，若有异常应及时处理。在污水处理厂尾水排放口上、下游设立水环境监测断面，定期监测，以便掌握河流水质变化情况。

12.3.2.2 地下水污染控制措施

1. 加强源头污染控制

园区内各企业应定期对厂区内生产设备、污水管道等相关设施及建筑进行检修维护，防止和降低污染物跑、冒、滴、漏，将污染物泄漏的环境风险事故降到最低程度；管线敷设尽量采用“可视化”原则，即管道尽可能地上敷设，做到污染物“早发现、早处理”，减少由于埋地管道泄漏而造成的地下水污染。

2. 做好分区防渗

各企业应根据《一般工业固体废物贮存和填埋污染控制标准》(GB 18599—2020)、《危险废物贮存污染控制标准》(GB 18597—2001)及其修改单、《环境影响评价技术导则 地下水环境》(HJ 610—2016)等相关标准要求，对厂区进行分区防渗处理，以防止装置的运行对土壤和地下水造成污染。针对危险化学品库及危险废物暂存场所等重点防渗区，应加强危险化学品、危险废物的日常管理，防止泄漏事故发生。同时，危险化学品、危险废物等危险物质收集及运输过程中应做好防护工作，以防撒漏。

3. 完善地下水环境污染监管措施

园区应根据区内企业及居民区分布情况，对各片区定期开展地下水监测，了解地下水水位及水质变化情况，从而整体掌握区域地下水环境质量状况。同时，对区内企业污水处理设施的废污水储存、排放及处理效果和标准进行限制。

4. 完善事故应急响应措施

各企业应按建设项目要求有针对性地制定地下水事故应急预案，配备足够的应急物资，定期开展应急演练。一旦发现地下水污染事故，立即启动应急预案、采取应急措施控制地下水污染，并在第一时间内尽快上报主管领导，启动周边区域应急预案，密切关注地下水水质变化情况。

12.3.3 声污染控制

噪声污染控制目标是：环境噪声达标区覆盖率为100%，各类功能区噪声值达《声环境质量标准》(GB 3096—2008)各标准限值要求。

1. 交通噪声污染控制

人口、车辆增加，道路通行不畅，是引起交通噪声污染的主要原因，而交通噪声也直接影响到城市声环境质量。随着园区的进一步建设开发，车流量还将会增多，必须采取相应措施，控制声环境质量：

(1) 控制车流量，做好交通规划，合理分配各主干道车流量。建议居住区等噪声敏感区域附近车流量控制在500辆/h以内。

(2) 控制车辆噪声源强，装载车、大型货车等高噪声车辆也是造成交通噪声严重超标的主要原因之一，因此，应限制这类高噪声车辆进入园区，进入园区的机动车辆，整车噪声不得超过机动车辆噪声排放标准，禁止鸣号。

(3) 加强路面保养，减少车辆颠簸振动噪声。

(4) 噪声敏感路段设置绿化屏障。

2. 工业噪声污染控制

新建项目及现有项目的改扩建必须确保厂界噪声达标，高度重视附近居民区的声环境保护。对各种工业噪声源分别采用隔声、吸声和消声等措施，必要时应设置隔声设施，以降低其源强，减少对周围环境的影响；项目的总图布置上应充分考虑高噪声设备的影响，合理布局，保证厂界噪声及居住区声环境功能达标。加强厂区绿化，特别是在有高噪声设备处和厂界之间应设置绿化带，利用树木的吸声、消声作用减小厂界噪声影响。

3. 建设施工噪声污染控制

(1) 建筑施工采用低噪声设备，并对作业场所采取隔声等措施。如将高噪声小型设备置于室内工作，对施工场地用广告栏封闭。

(2) 在施工中，如建筑施工场界的噪声可能超标的，要在开工15日前向环保部门申报，说明施工噪声的强度和采取的噪声污染防治措施等；建筑施工场界噪声超标的，要限制其作业时间，禁止夜间作业。特殊需连续作业的，须经环保部门批准。对施工运输车辆应规定行车路线和行车时间，严格控制其噪声的影响。

12.3.4 固废污染控制

固体废物污染控制目标是：工业固体废物综合利用处置率达 100%，生活垃圾无害化处理率 100%。

根据园区产业定位和能源结构，本着“减量化、资源化、无害化”的处理原则，提出如下固废污染防治措施：

(1) 采用先进的生产工艺和设备，尽量减少固体废物发生量。

(2) 根据固体废物的特点，对一般工业固废分类进行资源回收或综合利用。金属边角料、不合格产品、废纸张、废弃的木材等，应视其性质由业主进行分类收集，尽可能回收综合利用，并由获利方承担收集和转运。

(3) 生活垃圾统一收集、转运，区内产生的生活垃圾由环卫部门统一收集。生活垃圾的管理及处置应做到以下几点：

① 为确保垃圾清运率达 100%，环卫部门应配置必要的设备和运输车辆。

② 进一步推广垃圾袋装化，以便后续垃圾分类处理和综合利用，对垃圾中有用的物质(如废纸、金属、玻璃等)应尽可能回收。

③ 尽快考虑垃圾资源化处理问题。生活垃圾目前处理方式是无害化卫生填埋，实际生活垃圾中仍有相当数量的垃圾是可资源化利用的，建议园区产生的生活垃圾经收集后压缩送往区域垃圾焚烧发电厂集中处理。

(4) 建筑垃圾及时清运、尽可能利用。

由于要进行基础设施建设和入区项目的厂房建设，区域的建筑垃圾将较为突出。它包括开挖出的土石方和废弃的建筑材料，如金属轧头、废木料、砂石、混凝土、废砖等。这些均属无害垃圾，处置的原则是及时清运、尽可能利用、严禁乱堆乱放、防止产生扬尘等二次污染。具体可要求由业主或承接建设任务的单位负责清运和处置。

(5) 无害工业垃圾尽量回收再利用。

无害工业垃圾主要指下脚料、废弃的包装材料、废纸张、废弃的木材等,应视其性质由业主进行分类收集,按照循环经济思想的指导,立足回收再利用,开发上下游产品,实现资源化。区内的边角料,可以通过一定途径回收利用,再次进入产业链中。另外一部分不能回收利用的,按照《一般工业固体废物贮存和填埋污染控制标准》(GB 18599—2020)要求,进行贮存和处置。

(6) 危险固废由有资质单位统一收集,集中进行安全处置。

工业集聚区内产生的危险废物主要包括废吸附剂、残液、废油渣、废活性炭等。针对危险固废提出如下管理和处置措施:

① 危险废物的识别。

降低危险废物环境风险,同时提高职工的防范意识,在危险废物收集容器、设施、包装物、处置(利用)和贮存场所设置危险废物识别标志;同时加强培训,不断提高企业的危险废物管理意识和自律意识,提升危险废物管理水平,确保危险废物在每个环节不流失。

每个入区企业都应按照《国家危险废物名录》对所产生的固体废物进行识别,有产生危险废物的,应到区环保局对所产生的危险废物进行申报登记,并落实危险废物处置协议,对危险废物实施全过程管理。

② 危险废物的交换和转移。

危险废物的处置、转运应按照江苏省生态环境厅颁发的《关于做好江苏省危险废物全生命周期监控系统上线运行工作的通知》(苏环办〔2020〕401 号)的有关规定执行。各涉废单位通过该系统实时申报危险废物产生、贮存、转移及利用处置等信息,建立危险废物设施和包装识别信息化标识,形成组织构架清晰、责任主体明确的危险废物信息化管理体系。

③ 临时储存和内部处置。

危险废物在厂内暂存应按照《危险废物贮存污染控制标准》的要求,设计、建造或改建用于专门存放危险废物的设施，按废物的形态、化学性质和危害等进行分类堆放，并设专业人员进行连续管理。企业内部处置的危险废物还应按照《危险废物焚烧污染控制标准》的要求，设计、建造危险废物的处置设施，确保危险废物安全无害化处置。

12.3.5 生态环境限值限量管理和优化提升

为深入打好污染防治攻坚战，加快推进工业园区（集聚区）（统称“工业园区”）生态环境治理体系和治理能力现代化建设，有效实施以环境质量为核心、以污染物排放总量为主要控制手段的环境管理制度体系，确保工业园区环境质量持续改善，江苏省生态环境厅编制了《江苏省工业园区（集中区）污染物排放限值限量管理实施方案编制技术指南（试行）》。目前省级以上工业园区均要求编制污染物排放限值限量管理实施方案，乡镇工业集聚区原则上参照执行。

12.3.5.1 污染物排放限值管理要求

1）限值管控范围与规划范围一致

2）限值管控主要指标

大气污染物排放的主要控制指标是颗粒物、氮氧化物、挥发性有机物。

水污染物排放的主要控制指标是化学需氧量、氨氮、总氮、总磷。

3）污染物排放总量的限值

污染物排放总量的确定主要有以下三种途径：规划环评测算的污染物排放总量目标；园区内所有企业排污许可证的许可排放总量（未明确排放总量的排污许可企业或其他企业按照排放标准浓度限值与流量乘积确定允许排放量）；通过环境监测监控测算出的工业园区污染物实际排放总量。

工业园区污染物允许排放总量按以下方式确定：如果工业园区上一年度环境质量达到考核目标要求，且污染物浓度未显著高于（小于30%）所在县级区域年均值，本年度污染物允许排放总量原则上为规划环评测算的污染物排放量，或所有企业许可排放量总和；如果工业园区上一年度环境质量达到考核目标要求，但污染物浓度显著高于(大于30%)所在县级区域年均值,本年度相应污染物允许排放总量为上一年度实际排放总量;如果工业园区上一年度环境质量未达到考核目标要求但有所改善的,本年度相应污染物允许排放总量为上一年度实际排放总量;如果工业园区上一年度环境质量未达到考核目标要求且有所恶化的,本年度相应污染物允许排放总量为上一年度实际排放总量的80%。

4) 开展环境质量监测和排放总量测算

制定主要污染物排放总量核算方案,对水污染物、大气污染物有组织排放,通过园区内企业在线监测污染物排放的实时数据,测算工业园区污染物排放总量、新增量、减排量等数据。对于大气污染物无组织排放总量,通过建设监测监控系统、构建模型,测算大气污染物无组织排放总量。

12.3.5.2 生态环境优化提升管理要求

(1) 提升监测监控能力建设。推进完善工业区“环境监测监控能力”。

(2) 提升污染物总量非现场核查能力建设。大力推行非现场核查,将自动监测数据作为核查、核算依据。综合利用自动监控、无人机等手段,远程调度企业治污设施运行管理和环境问题整改情况,优化核查方案,最大限度减少对企业正常生产的影响。充分利用企业大数据信息监管企业环境行为,利用物料衡算、水平衡、固废平衡等科学手段,准确获取企业污染物排放信息,实现企业实际排放总量精准核查。

(3) 环保主管部门定期梳理区内污染物实际排放总量台账资料,对污染物实际排放总量进行核算,并将有关情况报相关生态环境部门。

(4) 提升环境基础设施建设。推进完善工业区“污染物收集能力、污染物处置能力、清洁能源供应能力”,加强挥发性有机物收集处理,全面实施泄漏检测和修复,优先实施工业类项目主要大气污染物超低排放。同步规划污水收集管网,按照适度超前的原则建设污水管网,确保区内工业废水和生活污水全收集、全处理。提倡节水减排清洁生产技术,进一步优化能源结构,合理控制工业区碳排放水平。

12.3.5.3 园区限值限量监测监控系统

乡镇工业集聚区属于市级及以下工业园区,建议参照《全省省级及以上工业园区(集中区)监测监控能力建设方案》、《江苏省工业园区(集中区)污染物排放限值限量监测监控系统建设指南》要求视情况完善现有环境监测监控能力建设。

以苏北某乡镇工业集聚区为例,所在镇区已建设有大气自动监测站,监测指标包括常规6项。建议站点适时补充VOC监测能力。园区应定期开展例行监测,完善环境质量现状情况调查,掌握园区环境质量动态变化情况。

同时,建议区内重点污染企业按《全省排污单位自动监测监控全覆盖(全联全控)工作方案》要求和监测规范,安装在线监测设备及自动留样、校准等辅助设备,实时监测获得主要污染物排放浓度、流量等数据;暂不具备安装在线监测设备条件的企业,应按要求做好委托监测,并及时上报监测数据。

13

环境影响跟踪评价与规划所含建设项目环境影响评价要求

13.1　跟踪评价要求与入区项目环评手续简化

由于工业园区规划跨度时间长，因此规划环境影响与实际建设的情况会有所偏差。为及时了解规划区环境质量变化和环境影响程度，通常要求在规划实施5年后再进行一次阶段性的跟踪评价，回顾本书提出的污染控制设施方案、调整方案和影响减缓措施，同时分析规划落实情况和新的变化情况，并就下一步开发提出合理建议，为环境管理部门提供决策依据。

(1) 对于园区规划严格按照发展规划及规划环评批复提出的措施实施，且水、气污染物总量小于本轮环评批复核定的量的只需作现状评价和定性的影响分析，只对环境质量进行日常监测。

(2) 园区规划建设与规划有偏差，污染物产生量超过本轮环评核定的量，则要重新预测和评价。除例行监测外，需对环境状况重新监测，对特征污染物实时监测。

(3) 建设项目入区环境影响评价简化建议。对污染因子比较单一、污染物排放量较少、环境影响情况比较清楚的机械加工、轻工等项目，可适当降低环保审批要求，报告书降低为报告表(可加专项)，报告表降低为登记表，以减化环境影响评价程序。

13.2 跟踪评价的监测计划

环境监测是一项政府行为，也是环境管理的技术基础与技术支持，因此乡镇工业集聚区的环境监测工作必须纳入区县一级的环境监测网络系统，以便能及时、准确、高效地为园区的环境管理工作服务。

如发现数据有异常的，应及时跟踪分析，找出原因并采取相应对策。

1. 自动监测系统

根据《江苏省污染源自动监控管理办法（试行）》的相关要求，符合以下情形之一的排污单位应当安装自动监测设备：

（1）排放废水、废气污染物列入重点排污单位名录的；

（2）排污许可证申请与核发技术规范或排污单位自行监测指南中要求自动监测的；

（3）环评报告书（表）、环评报告书（表）批复意见、建设项目竣工环境保护设施验收意见中要求应实施自动监测的；

（4）生态环境部、省委、省政府文件要求实施自动监测的。

以上排污单位应当按照相关要求和技术规范建设、安装自动监测监控设备及其配套设施，并与省、市生态环境主管部门联网。

2. 环境质量监测

（1）大气环境：考虑上下风向及周边敏感目标，在园区周边设2～3个监测点。

（2）声环境：在园区规划范围内工业用地及交通干线设噪声监测点。

（3）地表水环境：在污水处理厂排口上下游设置对照断面、削减断面。

（4）地下水环境：对建设用地及农用地分别采样。

（5）土壤环境：在园内和下方向设2～3个土壤监测点。

（6）底泥：在污水处理厂排污口处采集底泥样品。

本书中，设定的环境质量监测计划，具体监测项目和频次见表13.2.1。

表 13.2.1 环境质量监测计划

断面	监测位置	监测因子	监测频率
大气	规划区内	SO_2、NO_2、PM_{10}、VOCs	每半年一次，每次连续7天
	下风向保护目标		
地表水	污水处理厂排口上游500 m	pH、水温、悬浮物、COD、NH_3-N、石油类、BOD_5、总磷、粪大肠菌群、苯系物、挥发酚	每季度一次，连续监测3天，每天1次
	污水处理厂排口下游1 000m		
	污水处理厂排口下游2 000 m		
声	网格布点兼顾工业噪声、交通干线噪声	等效连续A声级	每季度一次，连续监测2天，每天昼夜各一次
土壤	区内工业用地及周围保护目标	重金属和无机物(8项)：pH、砷、镉、铬(六价)、铜、铅、汞、镍； 挥发性有机物(27项)：四氯化碳、氯仿、氯甲烷、1,1-二氯乙烷、1,2-二氯乙烷、1,1-二氯乙烯、顺-1,2-二氯乙烯、反-1,2-二氯乙烯、二氯甲烷、1,2-二氯丙烷、1,1,1,2-四氯乙烷、1,1,2,2-四氯乙烷、四氯乙烯、1,1,1-三氯乙烷、1,1,2-三氯乙烷、三氯乙烯、1,2,3-三氯丙烷、氯乙烯、苯、氯苯、1,2-二氯苯、1,4-二氯苯、乙苯、苯乙烯、甲苯、间二甲苯+对二甲苯、邻二甲苯； 半挥发性有机物(11项)：硝基苯、苯胺、2-氯酚、苯并[a]蒽、苯并[a]芘、苯并[b]荧蒽、苯并[k]荧蒽、䓛、二苯并[a,h]蒽、茚并[1,2,3-cd]芘、萘	一年一次
地下水	建设用地及农用地	pH、COD、氨氮、TP、溶解性总固体、氰化物、氟化物、硝酸盐氮、亚硝酸盐氮、硫酸盐、总硬度、氯化物、粪大肠菌群、挥发酚、六价铬、铁、锰、铅、铜、镍、镉、锌、砷、汞、石油类。外加四阴四阳八大离子(K^+、Na^+、Ca^{2+}、Mg^{2+}、CO_3^{2-}、HCO_3^-、Cl^-、SO_4^{2-})	一年一次
底泥	污水处理厂排口	pH、铜、铅、锌、铬、镍、汞、镉、砷、六价铬	一年一次

3. 污染源监督监测

1）废水监测体系

园区规划范围内的废水应分类收集，对园区内的日排放废水超过 100 t 的重点排污企业废水排放口配设在线自动监测设备，有条件的情况下与环保局监控联网，以便对排放的废水流量与水质进行监控，保证污水处理厂的正常和安全运行。废水排放口应明显，且便于采样，排放口应设置警示牌。

废水监测项目及监测频率建议如表 13.2.2 所示。

表 13.2.2　规划区污染源监测计划

监测项目	监测点	监测因子	监测频率	备注
大气污染源	各厂有组织排放源和主要无组织排放源	烟气量、烟(粉)尘、SO_2、NO_2、VOCs 等	每季度一次	视污染不同确定监测因子
废水污染源	车间排口和污水处理站排放口	pH、COD、石油类、SS、氨氮、挥发酚等	每天一次	监测因子视废水来源及水质特征适当调整
噪声源	强度大于 85 dB(A)声源车间内外	连续等效 A 声级	每半年测 1 次，每次昼夜各测 1 次	声源变化前后各加测一次
新项目验收监测	—	根据生产工艺及状况确定监测要素、监测点位和监测因子	随时；连续两个生产周期	—
委托监测	—	根据企业要求	随时；根据企业要求	—

2）废气监测体系

对规划区企业，应要求其在生产废气排气口设置监测点，定期监测有毒有害废气浓度，监测结果上报监督管理部门。

工艺废气污染源：每季度进行一次，监测项目根据各废气排放特点确定。

3）噪声源监测

监测各企业噪声源强较高且对环境影响较大的设备，监测连续等效 A 声级，每半年测 1 次，每次昼夜各测 1 次。

4）固废排放监测体系

对进区企业产生的固体废弃物应定期检查危险性固废预处理及安全贮存的实施情况，并制定相应处理方案。对于上述监测结果应该按照有关规定及时建立档案，并抄送有关环保主管部门，对于常规监测部分应该进行公开，特别是对规划区附近区域的居民进行公开，满足法律中关于知情权的要求。此外，如果发现了污染和破坏问题要及时进行处理、调查并上报有关部门。

14

园区环境管理与环境准入

14.1 环境管理

1. 园区层面环保管理构架

乡镇工业集聚区通常不设立专门的园区管委会，直接由乡政府下属的工贸部门代为管理相关环保事务。因此，尚未建立的一个完整的环境管理系统，重点负责园区基础设施建设及对入区企业实施各项环境管理职能。因此，必须引起重视，强化职能分工、监督企业落实环评、竣工验收及排污许可证申报等常规工作。

2. 入区企业配备专职的环保人员

进区企业在项目施工期间应设一名环保专职或兼职人员，负责建设期环保工作；项目建成投产后，应设立环保科室，配备专职环保人员，并在各车间设立环保联络员，负责全厂的环境管理、环境监测和事故应急处理职责，并随时同上级环保部门联系，定时汇报情况。

3. 环境信息公开

乡政府定时（如年度）编制园区的环境状况报告，通过各种媒体和多种形式及时将区内环境信息向社会公布，充分尊重公众的环境知情权，鼓励公众参与、监督本区的环境管理。

4. 引进清洁生产审核制度，推动建立 ISO14000 体系

对进区的企业提倡实施清洁生产审计制度。企业实施清洁生产审计旨在通过对污染来源、废物产生原因及其整体解决方案的系统分析，寻找尽可能高效率地利用资源（原辅料、水、能源等），减少或消除废物产生和排放的方法，达到提高生产效率、合理利用资源、降低污染的目的。

积极推动 ISO14000 环境管理体系在区内企业的实施，促使区内企业形成遵法守法、自觉改善环境行为的自律机制。相关部门应作出规划，使区内所有企业逐步通过 ISO14000 体系认证。

14.2 环境准入

本章节可结合“三线一单”分区管控方案提出相应的环境准入条件。

“三线一单”是指以生态保护红线、环境质量底线、资源利用上线为基础，编制生态环境准入清单，力求用“线”管住空间布局、用“单”规范发展行为，构建生态环境分区管控体系。

1. 生态保护红线

首先判断园区的生态敏感性，即规划范围是否涉及划定的国家、省市各级生态保护红线及生态空间管控区域。如存在重叠区域，应满足相应的管控要求。对于生态环境较敏感或生态功能显著退化的产业园区，应提出生态功能修复和生物多样性保护的对策和措施，包括生态修复、生态廊道构建、生态敏感区保护及绿化隔离带或防护林等缓冲带建设等。

2. 环境质量底线

根据收集的区域环境监测资料（包括历年的环境质量公报、省控市控断面、大气自动监测站等例行监测数据）及实测环境数据，分析区域环境质量现状及发展趋势，对照区域环境功能区划要求，确保园区规划产生的环境影响不会突破环境承载力的底线，简而言之，确保当地环境质量不下降、可持续。

以苏北某乡镇工业集聚区规划环评为例，评价范围内布设3个大气监测点，各监测点的非甲烷总烃、SO_2、NO_2均能达到《环境空气质量标准》(GB 3095—2012)二级标准要求，但$PM_{2.5}$、PM_{10}存在超标。根据该市例行监测可知区域$PM_{2.5}$、PM_{10}超标较为普遍，当地政府已编制大气环境质量达标规划，在达标规划实施后，区域大气环境质量将得到有效改善，园区拟建项目将实行现役源2倍削减量替代，规划期内SO_2、NO_x、烟粉尘、挥发性有机物排放量将不会增加，可确保园区空气质量不下降。总体而言，园区规划不会突破项目所在地大气环境质量底线。因此该规划实施符合环境质量底线要求。

3. 资源利用上线

根据第10章中的土地资源和水资源承载力相关内容，制定园区的资源利用上线，主要落实在土地、水耗、电能、物耗及能耗水平等方面。

4. 生态环境准入清单

准入清单是园区招商引资的门槛，也是规划环评中对实际工作最具有指导意义的部分。必须逐条对照，只有满足条件的项目才能入区，否则将一律被拒之门外。本书制定生态环境准入清单的如下：

1) 环境准入要求

(1) 规划导向。入区项目必须符合城市总体规划、土地利用总体规划、环境保护规划和园区产业定位要求，不得新上不符合规划布局和产业定位的项目。

(2) 用地导向。坚持集约节约用地原则，提高投入产出的强度，科学配置土地资源，提高土地集约节约利用水平。

(3) 工艺和装备导向。提倡采用先进工艺和装备，淘汰落后工艺和装备，鼓励生产效能高的企业入区。

(4) 环保导向。严格执行行业标准以及环境影响评价制度、“三同时”制度、排污总量控制制度、排污许可证制度。凡未进行环评或环评未经审批的建设项目，一律不得开工建设。严格执行国家及省有关固定资产投资项目节能评估和审查办法，产业项目采用的技术、装备必须符合有关节能标准，主要产品单耗或综合能耗水平须达到行业先进水平。产业项目清洁生产水平须达到国内清洁生产领先水平，引进国外工艺设备的，必须达到国际清洁生产先进水平。

严格实施污染物排放总量控制，将二氧化硫、氮氧化物、烟粉尘和挥发性有机物排放是否符合总量控制要求作为建设项目环境影响评价审批的前置条件。

2）产业发展指导目录

园区拟引进的项目应采用节能清洁的生产工艺，符合国家产业政策，严格按照《产业结构调整指导目录（2019 年本）》、《外商投资产业指导目录（2017 年修订）》、《产业发展与转移指导目录（2018 年本）》、《江苏省工业和信息产业结构调整指导目录（2012 年本）》及其修改单等国家法律、法规中的有关规定和要求。符合《国务院关于进一步加强淘汰落后产能工作的通知》（国发〔2010〕7 号）等国家、地方政策文件要求。在此前提下提出鼓励类项目类型建议如下：

（1）先进机械装备制造

优先发展及鼓励引进的项目有通用、专用设备以及机械零部件制造生产等产业。主要包括：①清洁生产水平高的纺织机械；②先进的塑料机械；③精密仪器开发及制造；④新型液压、气动、密封元器件及装置制造；⑤安全生产及环保检测仪器设计制造；⑥新型环保机械、废旧产品再利用设备制造；⑦其他工艺先进的机械零部件生产等。

（2）新型纤维材料及纺织服装

高档地毯、抽纱、刺绣产品生产；采用高速数控无梭织机、自动穿经机、全成形电脑横机、高速电脑横机、高速经编机等新型数控装备，生产高支、高密、提花等高档机织、针织纺织品；高端面料、高档服装、行业制服、家纺制造；纽扣、拉链、针线制造。

（3）绿色建材

优先鼓励：适用于装配式建筑的部品化建材产品；低成本相变储能墙体材料及墙体部件；砖（砌块）、水工生态砖（砌块）等绿色建材产品技术开发与生产应用；新型节能环保墙体材料、绝热隔音材料、防水材料和建筑密封材料、建筑涂料开发生产；优质环保型摩擦与密封材料生产；高性能玻璃纤维及制品技术开发与生产；优质节能复合门窗及五金配件生产；新型管材(含管件)技术开发制造；

(4) 电子加工

优先鼓励：数字化、智能化、网络化工业检测仪表；各类智能传感器、高精度几何尺寸测量仪器；变压器、开关设备、压缩机等关键零部件的组装和加工。

3) 产业发展负面清单

本次制定的产业准入负面清单是按照国家、各省市现行的产业政策、环保法律法规制定的，后续发展过程中，可按照国家、各省市最新的法律法规动态更新。产业准入负面清单见表 14.1.1。

表 14.1.1 产业准入负面清单

类别	建议
禁止准入国家、省市产业政策中禁止、限制、淘汰落后产能的项目	引进项目应符合《产业结构调整指导目录》《外商投资产业指导目录》《江苏省工业和信息产业结构调整指导目录》《淮河流域水污染防治暂行条例》《江苏省限制用地项目目录》《江苏省禁止用地项目目录》《 * * 市重点行业环境准入及污染防治技术导则》等国家和地方相关产业政策法规要求
	禁止准入国家和地方政策明令禁止、限制或淘汰的项目和因产能过剩宏观调控的项目
禁止引入类项目	不符合园区产业定位的项目
	禁止引进高污染、高能耗、资源性(两高一资)项目
	禁止准入石材加工、金属表面处理、单纯表面喷涂项目
	禁止安全风险大、工艺设施落后、本质安全水平低的企业或项目进入
	禁止新建、扩建技术装备、污染排放、能耗达不到相关行业先进水平的项目
	禁止新建印染项目
	禁止新建铅、汞、铬、镉、砷五类重点重金属污染物排放的项目
	禁止准入水质经预处理不能满足污水厂接管要求的项目
	禁止准入环境污染严重的项目，以及 COD、氨氮、总磷、SO_2、NO_x、烟粉尘、挥发性有机物等污染物排放总量指标未落实的项目
	禁止准入含明显恶臭异味的项目

续表

类别	建议
禁止引入类项目	禁止准入技术落后、粗放型加工、附加值低、企业申报的环保措施在实际操作中难以实现的项目
	禁止引进工艺废气含有难处理或生产废水含难降解有机污染物、“三致”污染物的项目
	工业园应严格限制颗粒物、VOCs 排放量大的企业入区，并实行总量控制
空间管制要求禁止引入的项目	水域及绿地，禁止一切与环境保护功能无关的建设活动。
	绿化防护不能满足环境和生态保护要求的项目
	邻近居住区的工业用地禁止引进废气污染物排放量大、无组织污染严重的项目
	不能满足环评测算出的环境防护距离，或环评事故风险防范和应急措施难以落实到位的项目

园区限制、禁止发展项目清单见表 14.1.2。

表 14.1.2 园区各产业限制、禁止发展项目清单

序号	行业	限制发展	禁止发展
1	绿色建材	国家和地方产业政策中限制的类别	水泥、石灰、制砖、防水卷材及太阳能电池板
2	新型纤维材料及纺织服装	国家和地方产业政策中限制的类别	禁止引进印染项目，禁止引进制革项目以及其他生产工艺落后、不符合国家和地方产业政策的项目
3	先进机械装备制造	限制新建普通铸锻件项目	禁止引进含有电镀、金属冶炼等工序的项目
4	电子加工	国家和地方产业政策中限制的类别	禁止引进涉及电镀、铸件酸洗工艺的项目

15

公众参与

乡镇工业集聚区的规划建设对乡镇经济发展具有重要意义，但同时也不可避免地给周围的自然环境和社会发展带来影响，直接或间接地影响邻近地区居民的生活，各界民众出于各自的利益，对园区的建设会持不同的观点。例如园区设立初期，在施工期和运营期将带来附近居民的经济利益、环境影响及一系列的社会问题；同时园区的规划和建设将是一个持续的过程，在阶梯式开发的过程中，可能会产生现有居住居民与入区企业间的环境纠纷。因此在规划环评阶段要开展广泛的公众参与调查工作。

规划环评公众参与的目的：了解工业集聚区周边公众对该区域建设所持的观点和态度，了解该园区的规划建设对社会、经济及环境的影响范围，使环境影响评价工作民主化和公众化。

考虑乡镇工业集聚区的特殊性，周围公众通过报纸、网络途径了解规划信息的可能性较小，宣传的效果并不理想。实际工作中操作性更强的做法通常是：①在乡政府公告栏、村民委员会公告栏张贴公告；②对评价范围内的居民、学校、医院等敏感保护目标发放调查问卷；③召开座谈会等。

16 结论

结论部分包含园区生态环境现状与存在问题、规划生态环境影响特征与预测评价结论、资源环境压力与承载状态评估结论、规划实施制约因素与优化调整建议、规划实施生态环境保护目标和要求、产业园区环境管理改进对策和建议。即对报告书相关章节结论部分的概述，最后得到总结论：

综上所述，在落实本书提出的规划优化调整建议和环境影响减缓措施后，本园区规划与上层规划、相关环境保护规划以及其他规划基本协调，工业集聚区规划的发展目标、空间布局、产业定位等不存在重大环境影响。根据本书提出的优化调整建议对规划相关内容进行适当调整、并严格落实本书提出的优化调整建议、各项环境影响减缓措施后，该规划在环境保护方面是可行的。

至此，本书以苏北某乡镇工业集聚区为案例，对乡镇级别的工业集聚区规划环境影响评价工作进行了详细分析和介绍，探讨典型乡镇工业集聚区发展规划环境影响评价的重点工作和关注要点，旨在为助力乡村振兴，协同产业发展和生态文明建设贡献自己的绵薄之力。书中难免存在疏漏之处，恳请各位读者批评指正。

17

参考文献

[1] 田其云，黄彪. 我国污染物总量控制制度探讨[J]. 环境保护，2014，42(20)：42-44.

[2] 韦蔚，王锐兰.乡镇工业园区发展模式的反思——从乡镇工业园区撤并谈起[J].工业技术经济，2005(4)：27-29，39.

[3] 蒋加强.加快乡镇工业园区建设的思考[J].中共乐山市委党校学报，2000(6)：8-9.

[4] 田中伟.低碳经济视角下乡镇工业园区发展的困境与对策[J].绍兴文理学院学报(哲学社会科学)，2011，31(2)：82-86.

[5] 孙献军. 政府作用：乡镇工业园区产业集聚发展研究[D].扬州：扬州大学，2014.

[6] 刘飞. 工业园区循环经济发展问题研究[D].北京：中共中央党校，2011.

[7] 司言武.农村水污染治理的公共政策研究[J].经济论坛，2008(18)：118-121.

[8] 张瑾华，孙志倩，何珊，等. 农村水污染治理的政府责任[J].法制与社会，2016(30)：216-217.

[9] 汪顺利，姚栋力，方颖，等. 农村水污染治理存在的问题及对策研究关键分析[J]. 区域治理，2021(53)：28-30.

[10] 王敏杰. 提高动迁居民收入的对策研究——以苏州工业园区为例[J].管理观察，2018(18)：56-57，59.

[11] 耿建富，刘颖. 工业园区的建设与管理研究[C]//廊坊市域经济与产业集群延伸研究——廊坊市应用经济学会第二届年会征文选编，2008：130-133.

[12] 张雁飞，王晓菲，于斐，等.工业园区碳排放核算方法及实证研究[J].生态经济，2013(9)：155-157.

[13] 胡情，牛彦涛，赵鹏，等.园区工业碳排放核算与减排策略分析[J].建筑技术，2014，45

(11):972-976.

[14] 陈汉亭.对发展乡镇工业园区的几点思考[J].理论导刊,2007(8):90-92.

[15] 雷易星辰,刘义杰,张莉莉.基于低碳经济视角乡镇工业园发展的策略选择[J].山西青年,2018(23):60,62.

[16] 叶东升,浦爱军,乔光兵,等.江苏省沭阳县乡镇工业园区发展存在的问题及对策研究[J].经济师,2017(8):191-193,197.

[17] 张洪波,李俊,黎小东,等.缺资料地区农村面源污染评估方法研究[J].四川大学学报(工程科学版),2013,45(6):58-66.

[18] 苑佼佼,华庆碧,朱国伟. 乡镇工业园区的规划环评对比研究[C]//2016 中国环境科学学会学术年会论文集(第一卷).海口:[出版者不详] ,2016:879-886.

[19] 许亚宣,李小敏,于华通,等."三线一单"成果应用于规划环评的探索和实践——以海口国家高新技术产业开发区为例[J].环境影响评价,2022,44(1):6-12.

[20] 刘磊,赵瑞霞,张敏.产业园区规划环评纳入《环境影响评价法》的重点、难点与建议[J].环境保护,2022,50(3):46-50.

[21] 赵积开,杨美临.城市规划环境影响评价现存问题及对策措施浅析[J].环境科学导刊,2021,40(2):82-84.

[22] 熊鸿斌,刘进,项芳,等.城市总体规划环评指标体系的建立及其应用[J].四川环境,2010,29(5):30-35.

[23] 王慧. 大型生态工业园区规划环境影响评价探讨[J].区域治理, 2020(33):138-139.

[24] 李王锋,吕春英,汪自书,等.地级市战略环境评价中"三线一单"理论研究与应用[J].环境影响评价,2018,40(3):14-18.

[25] 许玉芳.工业园区节能减排效益对城市空气质量影响研究[J].节能与环保,2021(7):88-89.

[26] 刘磊,韩力强,周鹏,等.关于产业园区规划环评与项目环评联动的研究[J].福建师范大学学报(自然科学版),2021,37(1):62-67.

[27] 姚懿函,赵玉婷,董林艳,等.关于加强产业园区规划环评全链条管理的建议[J].环境保护,2020,48(19):67-70.

[28] 刘磊，祝秀莲，仇昕昕，等.关于重构我国规划环境影响评价体系的设想[J].环境保护，2021，49(12)：17-21.

[29] 王斌.规划环境影响跟踪评价的完善与应用-以福鼎市某工业园区为例[J].化学工程与装备，2021(8)：251-252，260.

[30] 侯晓静.规划环境影响跟踪评价技术指南应用研析——以河北省某化工园区为例[J].环境影响评价，2020，42(4)：49-52.

[31] 张维清，周文强.规划环境影响评价“三线一单”实践分析[J].环境与发展，2020，32(5)：19-20.

[32] 刘婷，柳顺莲.规划环境影响评价的评价重点及方法思考[J].区域治理，2021(19)：82-83.

[33] 左芳萍，肖珊，王慧，等.规划环境影响评价方法及实例分析[J].智能城市应用，2020，3(2)：73-75.

[34] 孙宇红，白宏涛，王会芝.规划环境影响评价方法学研究现状及对策探讨[J].环境科学导刊，2020，39(4)：84-87.

[35] 王强强.规划环境影响评价及城市规划的应对[J].区域治理，2021(10)：82-83.

[36] 马铭锋，陈帆，吴春旭，等.规划环境影响评价技术方法的研究进展及对策探讨[J].生态经济，2008(9)：31-36.

[37] 李江丽.规划环境影响评价在环境保护工作中的重要性[J].区域治理，2021(34)：104-105.

[38] 李森，刘岳雄.规划环境影响评价指标体系构建研究[J].黑龙江环境通报，2020，33(2)：42-43.

[39] 杨瑞灵，季娜.规划环境影响评价指标体系及评价方法探讨[J].环境与发展，2020，32(10)：24-25.

[40] 刘晓曦.规划环境影响评价中开展健康风险源头控制[J].能源与环境，2021(3)：96-97.

[41] 庄怡琳，杨海真，包存宽，等.化工石化集中区规划环评指标体系研究[J].四川环境，2009，28(5)：99-103.

[42] 莫云.环境承载力在规划环境影响评价中的应用研究[J].现代盐化工，2020，47(3)：

80-81.

[43] 陈静，邵丰收，黄伟为，等. 环境统计发展与总量减排间的差异性思考[C]//2015 年中国环境科学学会学术年会论文集.深圳：[出版者不详]，2015：1665-1668.

[44] 蒋谦.环境影响评价、排污许可和环境统计源强核算比较[J].环境与发展，2020，32(5)：27，31.

[45] 张瑛华.开发区域规划环境影响跟踪评价[J].环境与发展，2020，32(8)：19，21.

[46] 赵瑞，孟繁超.流域规划环境影响评价中的可持续发展评价分析[J].低碳世界，2020，10(10)：23-24.

[47] 王珏，包存宽.面向规划体制改革的规划环评升级[J].环境保护，2019，47(22)：16-20.

[48] 张震，陈敏敏，吴琼，等.普查大数据分析与生态环境统计数据质量控制[J].环境保护，2020，48(18)：34-37.

[49] 许震，张峰，刘志伟，等.苏州高新区典型行业 VOCs 排放特征及控制对策探讨[J].环境监测管理与技术，2018，30(2)：57-60.

[50] 胡亚琴，刘菲菲，汤建新.探析幕景分析法在规划环境影响评价中的应用[J].环境与发展，2020，32(3)：22，24.

[51] 张廷棪.土地整治规划环境影响评价体系分析[J].农业科技与信息，2020(24)：41-42.

[52] 李玫，余柄志，衡芮，等.小城镇产业集群主要污染源筛查与影响分析[J].环境工程，2017，35(5)：154-157.

[53] 欧坤良.新形势下工业园区水污染的防治问题与应对策略[J].低碳世界，2021，11(7)：31-32.

[54] 耿秀华，陆志家.印染园区规划环境影响评价资源环境制约因素研究[J].绿色科技，2020(24)：119-121.

[55] 郝吉明，田金平，卢琬莹，等.长江经济带工业园区绿色发展战略研究[J].中国工程科学，2022，24(1)：155-165.

[56] 胡明操.环境保护实用数据手册[M].北京：机械工业出版社，1994.